建筑七灯

The Seven Lamps of Architecture

JOHN RUSKIN

[英] 约翰·罗斯金 著

离香 译

上海人民出版社

图书在版编目(CIP)数据

建筑七灯/(英)约翰·罗斯金(John Ruskin)著;
离香译. —上海:上海人民出版社,2019
书名原文:The Seven Lamps of Architecture
ISBN 978 - 7 - 208 - 15961 - 7

Ⅰ. ①建… Ⅱ. ①约… ②离… Ⅲ. ①建筑美学-研
究 Ⅳ. ①TU - 80

中国版本图书馆 CIP 数据核字(2019)第 141949 号

责任编辑 吴书勇
封面设计 李婷婷

建筑七灯
[英]约翰·罗斯金 著 离 香 译

出　　版 上海人&出版社
　　　　　 (200001 上海福建中路 193 号)
发　　行 上海人民出版社发行中心
印　　刷 上海盛通时代印刷有限公司
开　　本 720×1000 1/16
印　　张 19.75
插　　页 5
字　　数 240,000
版　　次 2020 年 1 月第 1 版
印　　次 2020 年 1 月第 1 次印刷
ISBN 978 - 7 - 208 - 15961 - 7/TU · 15
定　　价 158.00 元

约翰·罗斯金

铜版插图一

鲁昂、圣洛及威尼斯主教堂的装饰

1 鲁昂大教堂主门上的小龛

2（a）鲁昂大教堂十字耳堂上的花饰

（b）圣洛教堂南门上的花饰

（c）科德贝克教堂上的花饰

3 威尼斯圣马可教堂，柱头及细部雕饰

铜版插图二

诺曼底圣洛大教堂局部

Plate III

J.R. del   R.P.Cuff. sc.

铜版插图三

卡昂、巴约、鲁昂及博韦主教堂的花窗

1 三叶饰，来自卡昂男子修道院
2 六叶饰，来自鲁昂大教堂十字耳堂塔楼
3 三叶饰及四叶饰，来自库唐斯大教堂
4 其中一座中殿的纹饰的重复排列
5 巴约小教堂正厅
6 博韦主教堂花窗

铜版插图四

交叉线脚

1 萨里斯伯利窗洞处山墙与竖向线条的
  线脚交叉情况

2 法莱斯圣热尔韦教堂半圆形后殿的一
  处飞扶壁

3 瑞士苏塞尔市政厅的半个门头

4 普拉托大教堂侧门过梁处燕尾榫范例

5 图 4 的细部

6 鲁昂大教堂西门剖面填充的灵活性范例

7 另一个范例,同上

8 威尼斯福斯卡里宫圆形窗洞的连接(详见
  铜版插图八)

Plate V.

铜版插图五

威尼斯总督府底层拱廊的柱头

Plate VI.

J R. del.   R.P.Cuff. sc.

铜版插图六

卢卡圣米歇尔教堂外立面拱券

Plate VII.

铜版插图七

利雪、巴约、维罗纳及帕多瓦教堂上的镂空雕饰

1 利雪大教堂西南门的柱与拱肩

2 殉道者彼得教堂（毗邻维罗纳圣安娜斯塔西娅教堂）星型窗的四分之一

3 帕多瓦圣埃里米塔尼教堂三叶饰遮罩

4 巴约大教堂的一个"泡沫"式拱肩

5 鲁昂大教堂耳堂塔楼的雕饰

Plate VIII.

铜版插图八

威尼斯福斯卡里宫的窗子

铜版插图九

乔托钟楼花窗，佛罗伦萨

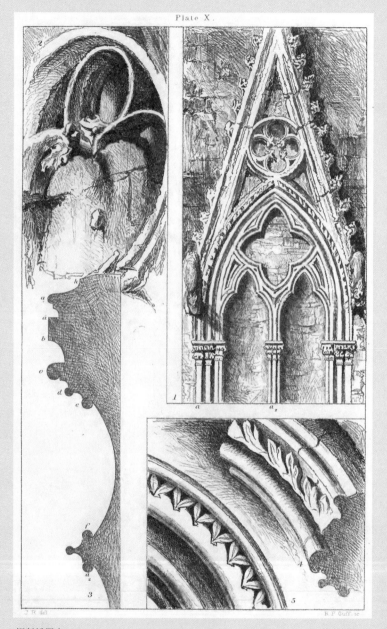

铜版插图十

鲁昂及萨里斯伯利大教堂的花窗和线脚

1 鲁昂大教堂北门扶壁的装饰
2 图 1 上方的四叶饰线脚
3 图 1 的剖面
4 图 1 线脚的细部
5 萨里斯伯利大教堂的犬牙式线脚

铜版插图十一

威尼斯圣贝内迪托广场的阳台

Plate XII.

阿布维尔、卢卡、威尼斯及比萨大教堂的局部

1 威尼斯圣马可教堂布道台装饰板上的柱与拱肩

2 卢卡圣米歇尔教堂柱子上的图案

3 阿布维尔教堂塔楼窗子

4 尼科洛·皮萨诺创作的皮斯托亚圣安德利亚教堂布
　道台上的拱券线脚

5 泽泻花茎竖向比例示例

6 图 5 连接的剖面

7 比萨大教堂拱券内的方形面板

8 铜版插图十一所示阳台的阿拉
　伯纹饰

铜版插图十三

费拉拉教堂南立面拱廊局部等

1 费拉拉大教堂南侧拱廊的两对柱子
2 费拉拉大教堂的一个拱券
3 费拉拉大教堂柱子,"齿槽"式
4 库唐斯大教堂的一个小柱头

铜版插图十四

鲁昂大教堂北门浅浮雕

目　录

初版序（1849年）

　　构成本书基础的大纲，是在准备三卷本《现代画家》的其中一个部分时写就的。[1]我曾想将其写成更庞大的篇章；但就它们的实际作用而言，如果再晚些出版可能就会被抹杀，而非投入更多精力能增益其价值。在每个案例中由个人亲身观察获得的观点，其中部分细节甚至对经验丰富的建筑师也能有所助益；至于在这些细节基础上建立的观点，我必须做好犯下鲁莽错误的准备——这些鲁莽的错误，完全是因为笔者以假装教条的口吻来探讨一门他从未实践过的艺术所引起的。然而，人有时太想畅所欲言以至于无法保持静默，有时也因意志坚定而不会犯错；我不得不展示这种鲁莽；由于目睹我所热爱的建筑遭到破坏和忽视而感到十分难过，并被那些我难以喜爱的新建筑污染双眼，而不得不谦谨地对我不敢苟同的那些理论进行一番论争——这些理论毁掉了一些建筑，同时又错误地指导了另一些建筑的设计。同时，对我所建立的理论论据已不再过于小心谨慎。因为在对我们的建筑体系的反对和不确定之中，我认为所有积极的观点中有着许多值得感激之处——尽管其中也有很多观点是错误的——正如长在沙岸上的根基浅薄的芦苇也有其用处一样。

尤其要向读者道歉的是书中插图 ① 绘制的仓促和不完美。由于我必须将更重要的精力投入正文之中，因此图示仅用以例证我的观点——有时甚至完全未达到这个微小的目标；正文基本是在插图绘制之前写成的，有时天真地将对象描述为崇高或美丽，而我的插图所展现的却鄙陋不堪。在这种情况下，如果读者能更多对建筑本身表示赞美，而不是赞赏我的插图，我将不胜感激。

仅以插图的粗糙和鄙陋所允许展示的内容而言，它们无论如何仍有价值；或是对建筑关键部位的记忆的描绘，或是以我自己的理解（如铜版插图九和十一）以银版摄影术 ② 放大或调整后的图像。不幸的是，铜版插图九中的地面至窗口的很长的距离，银版摄影部分甚至都模糊了；我无法确保任何一个马赛克细部的准确尺度，尤其是环绕窗口的那些，我认为在原始的建筑上，它们是以舒展的姿态雕刻的。但我仍准确地保持着大致的比例；柱身的螺旋是经过计算的，整体效果尽可能接近它自身，这是插图本身的目的所决定的。我可以确保其余部分的准确度，甚至石头上的裂缝和裂缝的数量；尽管插图本身并不严格，以绘画的特征来试图表达古老建筑实际的样貌，可能会损害它们在建筑学上的真实

---

① 本书 14 幅原始插图为作者亲手刻印的铜版画。——译者注

② 由法国人达盖尔首创，1839 年 1 月 7 日公布于世，在 1860 年左右被使用。这是摄影史上最早的具有实用价值的摄影法。这是一种显现在镀银铜版上的直接正像法，不能进行印放复制。它的基本方法是在抛光的铜版上镀银，并用碘蒸汽熏镀银面，使之产生具有感光性的碘化银。——译者注

性，但它们不得不以如此偏颇的面目呈现。

在一些章节中所采用的表示剖面的字母标注，在参考图示中似乎有些含糊不清，但总体来说是出于方便的考虑。任何剖面方向的线条都标明了，如果该剖面对称，则由一个字母表示，如 a；并且剖切面本身由同一字母加上划线表示，如 ā。但如果该剖面不对称，它的方向则由两个不同的字母表示，a-a_2 在其两个端部；实际剖切面由同一个字母加上划线表示，如 ā-$ā_2$。

读者可能会惊讶于插图仅展示了如此少部分的建筑。但需要注意，正文章节主要用于阐述理论，每种理论由一到两个图例表示，而不是一篇关于欧洲建筑的论文；那些例子或来自我最钟爱的建筑，或来自那些我认为未受到应有重视的建筑学派。尽管由于个人观察的原因可能丧失一定的准确性，我也完全可以绘制更多埃及、印度或西班牙的建筑插图以佐证我阐述的理论，正如现在吸引了读者大部分注意力的意大利罗曼式或哥特式。但是我的个人喜好和经验，将我引入一条丰富变化的地理上的线以及沿线杰出的设计学派，它们像基督教建筑的一道很高的分水岭，从亚德里亚海 ① 延伸到诺森伯兰海 ②，它的一侧是风格驳杂的西班牙学派，另一侧则是同样风格驳杂的德国学派：在这条链条的顶点和中央，我考虑首先由阿诺河谷区域 ③ 的城市群作为意大利罗曼式以及纯粹的意大利哥特的代表；威尼斯和维罗纳作为受拜占庭元素影响的意大利哥特的代表；鲁昂，以及相关的诺曼底城市——卡昂、巴约以及库唐斯，作为整个欧陆北部建筑从罗曼式到火焰式变迁的代表。

---

① Adriatico，亚德里亚海，地中海的一个大海湾。在意大利与巴尔干半岛之间。——译者注
② 诺森伯兰海指诺森伯兰郡附近海域。诺森伯兰郡为英国英格兰最北部一郡。首府纽卡斯尔。东临北海，北接苏格兰。——译者注
③ 阿诺河为意大利托斯卡尼地区的河流，是意大利中部重要河流之一。阿诺河谷地区包括佛罗伦萨、恩波利和比萨等历史名城。——译者注

我本来希望能从我们早期的英国哥特式举出更多的例子；但在我们的大教堂寒冷的室内工作是不可能的，而欧洲大陆上的日常服务、照明和熏蒸消毒法，使它们的教堂十分安全。去年夏季，我进行了一系列英国教堂的朝圣之旅，从索尔兹伯里开始，在那里几天的工作导致了我衰弱的身体状态，我或许也可以将本文的短促和不完善归因于此。

注释

[1] 过分延迟出版补充的篇章，确实是由于笔者认为他自己有十分的必要尽可能多地掌握中世纪意大利与诺曼底建筑的资料——因为目前这些艺术都在逐渐毁灭，它们将在修复人员能将其复原之前灭失。笔者最近所有的时间都花在将教堂绘制成图像，而往往绘制了一侧，该建筑的另一侧就正在被拆除；笔者也不能承诺出版《现代画家》的结语的确切时间；他只能确保任何延迟都不是由于他自身的懈怠。

第二版序（1855年）

自从首次出版本书起，我自己随后想要探求的疑问使我能够相当确信地讨论某些主题，而当以下数页的内容初次写就时，我却不得不对此怀有疑虑。

然而，除了一些细枝末节之处，我并未对这本书有大的修正或添加。我只请求读者不要将它视为与我目前所倡导的观点是根本对立的，而更应将其视为对《威尼斯之石》①和我在爱丁堡的演讲中更加思辨和谨慎的观点之论据的一种引入。

然而，若在序言中没有对大多数重要的终极原则进行阐述——这些原则我最终将进行确认——我就无法允许本书第二次付诸印刷。

---

① *The Stones of Venice*，是约翰·罗斯金于 1851—1853 年出版的一部三卷本著作，详细探究了威尼斯的拜占庭、哥特和文艺复兴建筑，并简述了该城的历史。——译者注

在仔细观察有文化的阶层对优秀建筑的各种形式的景仰之情后，我发现这些情感大致可以分为四个种类：

（1）感性景仰——这种感情是大多数旅行者首次在火炬照耀下进入一座幽暗的大教堂，或听到隐蔽的唱诗班吟唱圣咏时会产生的；或者当他们在月光下访问一座废弃的教堂，或任何能使人产生有趣的联想的建筑时，即使他们几乎看不见这座建筑的全貌。（2）自豪式景仰——任何凡俗之人都会有的，对华丽、宏大或完整的建筑的感情，出于对这类建筑物授予他们自身的重要性，并作为这些建筑的拥有者或仰慕者。（3）工匠式景仰——看到优质和干净的砌筑时的愉快，以及对基本建筑品位的归属感；比如对线条、体量和线脚的比例的感知。（4）艺术性以及理性景仰——在阅读墙面、柱头或装饰带等部位的雕塑或绘画时产生的愉悦。

在我发现的这四种情感当中，再进一步探询，我们发现第一种情感，即感性景仰，是出于本能而质朴的；在几乎所有人身上都能激起这种感情，通过某种黑暗的空间和缓慢的小调音乐。它有很好的用处，某些人认为这是一种可敬的品质；但是总体而言它倾向于取决于一种戏剧性的效果，满足于《魔鬼罗伯特》①中的咒语般的情景，假设有足够的网纱和鬼火，像兰斯大教堂那样。它总体上讨人喜欢，因为有一种优点，可以判定音乐和建筑这两种艺术风格的相关震撼力，但是它无力将真实与感性区分开来，辨别出它喜爱的那种艺术形式。即使在这种情感最高的表现，在伟大的司各特②的思想中，尽管这种情感的确使他把他

---

① "Ert le Diable"，是乔科莫·梅尔贝尔（Giacomo Meyerbeer）创作的五幕歌剧，这部歌剧仅借用中世纪魔鬼罗伯特的传奇来展开情节。——译者注
② Walter Scott（1771—1832），英国著名历史小说家及诗人。——译者注

笔下的场景放在梅尔罗斯修道院 ① 和格拉斯哥大教堂，而不是在圣保罗或圣彼得大教堂，这种情感也没能使他发现格拉斯哥真正的哥特艺术与阿伯茨福德 ② 的假哥特艺术之间的区别。作为一个批评者，我发现几乎不能将这种情感归为更高一级的对建筑的态度中。

自豪式景仰——这种赞美之情，正如它本身的倾向，我认为应该被有尊严的建筑师鄙视，没有一幢建筑能真正得到景仰，如果他们得不到穷苦之人的景仰。因此文艺复兴建筑有一种致命的鄙俗（即近代意大利与希腊风格），哥特建筑中则有着真正的高贵，前者夸耀张扬，后者谦恭淡泊。我发现对规模宏大的喜爱，尤其是热衷于对称，总是与思维粗俗和狭隘相关，因此与统治者的思维最亲近的那个人 ③——这种思维是文艺复兴建筑主要的动力来源——曾称他"惊讶于耶稣基督说着穷苦低贱之人的语言，"并且描述了他的建筑品位，称他"在华丽、高贵和对称之外不考虑其他"。[1]

工匠式景仰——这虽然在一定限度内是正当的，但如果完全不加以鉴别，对最好和最差的建筑物一样感到满足，因此人们才会不假思索地涂抹砂浆 ④。至于这种感情通常与对建筑体量比例的智识性观察结合在一起，这对日常起居的种种诚然都有好处，无论是调整宴席上菜肴的布置[2]，或是服装上的装饰，或是门廊的柱子。但比起像诗人般拥有一副能鉴赏格律的好耳朵，它缺乏构成一个建筑师的真正力量；每栋建筑如果其卓越性只在于体量的比例，都将被看作无非是一个建筑的"涂鸦之作"，或押韵练习。

---

① 在苏格兰。——译者注
② 在英属哥伦比亚地区。——译者注
③ 这个人可能指文艺复兴艺术最重要的赞助人洛伦佐·德·美第奇（Lorenzo de'Medici）。——译者注
④ 指对建筑设计没有精心思考。——译者注

艺术性和理性景仰——最后，我认为这种情感是我们唯一值得拥有的情感，它仅与建筑的雕塑和色彩的意义有关。它与建筑大体的造型与尺度无关；但却集中体现在雕塑、雕花饰、马赛克以及其他装饰。在这个基础上，我才逐渐意识到雕塑与绘画实际上才是建筑真正值得探究的因素；这些构件，我长期以一种漫不经心的思考认为是从属于建筑的，实际上是整个建筑的主宰；不是雕刻家和画家的建筑师比一个大号画框的匠人好不了多少。在领悟建筑真谛的这一线索之后，建筑的每一个问题便迎刃而解了。我认为建筑师作为一个独立的职业不过是现代性的一个错误，早期伟大国度的人们可能从未有过如此的想法；但直到最近人们才理解为了建造帕特农神庙，你必须先有一个主导的菲狄亚斯 ①；要建造佛罗伦萨圣母百花大教堂，必须有一个米开朗琪罗 ②。既然有了这种新的启迪，我便检验了我们的哥特教堂最高贵的范例，看来很明显主导工匠必定是那个在门廊里雕刻浅浮雕的人；对他而言，其他人都只是从属，教堂的其他部位也都是由他进行排布的；但是实际上整个一班工匠总是数目庞大的，或多或少被分为两个部分——石砌匠和雕刻匠；雕刻匠的人数如此之多，他们的平均天分如此之高，以至于已经不必质疑主雕刻匠雕一尊像的能力，更不必怀疑他能衡量一个角度或塑造一条曲线。[3]

如果读者仔细考虑这个陈述，他会发现事实确实如此，而且这是很多事情的关键。事实上，人类只有两种真正的美术——雕刻和绘画。我们称之为建筑的东西只是这些高贵艺术的组合，或者对它们的恰当调

---

① Phidias（公元前 480—前 430），古希腊雕塑家、画家及建筑师。他在奥林匹斯上的宙斯雕像被称为古代世界七大奇迹之一。他还设计了雅典卫城的雅典娜神像。——译者注

② 佛罗伦萨圣母百花大教堂主体部分的主持建筑师为坎比奥，穹顶部分的主持建筑师为布鲁诺莱斯基，与米开朗琪罗并无关系。作者此处可能泛指文艺复兴巨匠对文艺复兴起到的关键作用。——译者注

配。除此之外的建筑部分其实仅仅是一座房屋；虽然有时也可能优雅，比如修道院屋顶的穹拱；也可能宏伟，比如边境塔楼的城垛；在这样的例子中，没有更多高贵艺术力量的展现，并不比一个秩序井然的房间更优雅，或一艘精心打造的战船更宏伟。

所有包含自然物体的雕刻或绘画的高贵艺术，才是最重要的部分：它始终代表主题和意义，而这些从来不仅仅包含在构成线条，或甚至颜色安排上。只有绘画或雕刻上表现人们亲眼见过并觉得可信之物；没有什么理想化或不值得信任的东西。在大多数情况下，它描绘和雕刻它周围可见的人物和物体。一旦我们拥有了一个远离英国公众的建筑主体，雕刻家们能够并愿意在它的外墙刻上现任主教、修道院长、座堂牧师或唱诗班歌手——这些人将主管这座大教堂；在我们的公共建筑的外墙上，复制在这座建筑中行动坐卧的人们；在我们众多的建筑物上，均刻上其周围田野里歌唱的鸟儿和萌芽的花朵，我们将会拥有一个属于英国的建筑学派。我们不必等到那时。

我认为，如果这个普遍原则被理解，那么我就能将本文中所有的内容以原有的形式留下，无需进一步评论，除了对我们建筑师一贯采用的风格表示些许怀疑（第七章）。我现在并无疑问的是，现代北方欧洲大陆唯一适合的建筑风格，是 13 世纪的北方哥特风格，在英格兰，主要是林肯郡和威尔斯大教堂，法国主要是巴黎、亚眠、沙特尔、兰斯及布尔日等地的主教堂，以及鲁昂大教堂的十字形耳堂。

在此我也必须澄清对《威尼斯之石》解读得过于草率的读者可能产生的一个误解，即我认为威尼斯建筑是所有哥特流派中最高贵的。诚然我十分仰慕威尼斯哥特，但只是将其看作许多其他早期建筑流派之一。我之所以在威尼斯建筑上花费如此多的时间，并非因为它的建筑是世所留存的最佳典范，而是因为它在极小的地域内展示了建筑史最有趣的例子。维罗纳哥特比威尼斯的更高贵；佛罗伦萨则更胜于维罗纳。为了直接明确这一问题，我明确表示巴黎圣母院是所有哥特建筑中最高贵的。目前能用于表现建筑的最佳手段，是以摄影的方式清晰仔细地展现上述教堂的细节。我尤其想提请业余摄影师能重视承担这一使命；我要真诚地请求他们记住风景摄影只是一种娱乐玩具，某座早期的建筑更值得拍摄，不仅仅因为它呈现出如画的普遍形态，同时也因为它是由一块块石头垒砌，一个个雕塑构成的；抓住每一个机会通过脚手架靠近它，把照相机摆在任何可以抓拍到雕塑的位置，不要去管因此而造成的直线的扭曲；这种扭曲永远值得原谅，只要你能完整拍摄下建筑的细部。

无论何时，建筑爱好者如能捡拾到遗落的 13 世纪的雕塑，并将它们置于普通工匠容易接近的地方，这将更是一种爱国行为。西敏寺的建筑博物馆是我认为最适宜以这种方式充实的机构之一。

在此只想再提一下，本书这一版本的铜版画均由卡夫先生尽可能忠实于原先一版画的进行重新蚀刻，而更弥补了我第一版时自己蚀刻的一些错误之处。对于第九幅画的主题，我准备了一幅新的图解，由阿米塔吉先生进行了精彩的刻画。[4] 文字标注和图例希望能帮助读者更容易理解。[5]

注释

[1] 引自德·梅特农夫人（Madame de Maintenon），《季度评论》1855 年 3 月，第 423—428 页。她随后还称，"他倾向于忍受从门外吹来的冷风，也只是为了和另一侧相对——这致命的对称。"

[2] "在 V 夫人的城堡里，白发苍苍的男管家请求女主人原谅摆在桌子中央的花篮：'他尚没有时间学习事物的排布。'"——斯托夫人：《晴天的记忆》，第 44 封书信。

[3] 科隆大教堂的建筑师在其建筑合同中被称作"石匠大师"（Magister Lapicia），我相信这是中世纪一贯使用的拉丁语称谓。14 世纪巴黎圣母院的建筑师一职以法语被称作"首席石匠"。

[4] 在第二版及以后版本中的卷首插画。

[5] 由于第一版印刷的黑色部分过深，有些数字不那么容易辨认。

1880 年版序言

　　我从未想要再次出版这本书，因为它已成为我所有著作中最无用的了；在书中曾经兴致勃勃谈论的建筑，或已被推倒，或被粉刷和修补得平滑光洁，比彻底摧毁更糟糕。

　　但是我发现人们依然喜欢这本书——依然在阅读它，而不是去读那些对他们来说有用的书；——我从那时起写作的源头都在此书中——无论这些文字如何过于藻饰，且过分轻率地喷薄出过多议论——此处我依然以旧式的语言表达；有许多偏激和完全错误的新教主义，已经从正文和附录中去除了，然而可能对旧版而言仍有一定价值——在收藏家和知识阶层的读者眼中（大多数当代读者都是这个阶层，这十分有益）——但错误也在所难免。

　　第一版以及最初的蚀刻版画，我敢说将永远在市场上可以售出高价；由于它的蚀刻插画的每一根线条，不仅是我亲手刻画的，也是我亲手刷印的［它们中的最后一张是在第戎克洛什旅店的洗手盆中洗印的］，印得十分粗糙而不精心（我那时和现在一样，十分鄙薄那些需要准确或标准的艺术作品，而不是以稳健的双手和真实的线条造就的）：尽管有种种缺憾，这些蚀刻画依然准确而优美地达到了其目的，并且正如我所说的，今后仍将非常有价值。

在第二版时，由卡夫先生对它们进行了复刻，他十分优秀地彰显了这些插画的作用，并显示了一个优秀的雕版家的技巧。因为蚀刻画原先的手法并不容易用直接的雕版来复制。当我直接在钢板上使用针刻，我从不允许任何刻痕和莫名的纹路（见《现代画家》中我自己亲手刻制的版画），但是在那些需要展示建筑阴影的地方，我仅需要一片易得的暗色空间，因此我使用了一个他人教我的手法（可能是由一个德国雕版家——我现在记不真切了）。背景色需要处理得十分柔和，要在上面铺一张棉纸，在上面用一支硬头铅笔刻画，当棉纸揭起时，效果便近乎阴影了。笔尖的压力去除了附着于棉纸的蜡，将版画的表面以这种状态承受酸蚀。如此得到的效果是半晕染、蚀刻和平版印刷的混合；除了卡夫先生以一种特殊的水平掌握这种效果，再没有其他方式能够模仿了。卷首插图是由阿米塔吉先生绘制的一幅同样优秀的插画，正是由于他精湛的技艺，《现代画家》的插画不仅极度精美而且具有永恒性。他的部分版画，至今为止经过各种使用，其光彩几乎没有什么损失。我准备将这些画与书分开独立再次独立出版，以这些画的主题来进行编排。

但是，尽管我现在拥有所有这些版画，我必须确保它们不会超出它们的年限被使用；甚至这些旧书目前的版本也绝不会贬值——而同时它们亦将始终容易购得。

对《建筑七灯》的正文加了一些短注，现在也包括在重印版本中；但是原先的正文（上述提到的段落是唯一被删除的）则原封不动地呈现，读者因此可以确定我甚至未改动一个论据，而仅将繁重的编辑工作留给我最好的出版商艾伦先生和他那些十分得力的助手，对于读者因此而从书中获得的受益，他应得的感谢不亚于笔者自己。

于布伦特伍德

1880 年 2 月 25 日

导　言

　　数年之前，我曾与一位艺术家[1]对谈，他的作品本身在目前看来或许是完美绘画与辉煌色彩的结合。当笔者问及这番流光溢彩为何能如此轻松制造——得到的答复既简洁又意味深长——"了解你应做的，并实现它"——此言意味深长，因为这句话不仅涉及它所属的艺术这一领域，同时也阐明了人类各个领域所有努力之所以获得成功的伟大准则；因为我相信，失败多半并不是由于方法不完善或者人的耐心不够，而是人们往往将实际要做的事想得过于复杂；因此，虽然理由可能荒诞，甚至谬误，人却给自己定下种种完美准则；究其原因，平心而论，以他们所希望的方式或许无法达成，但是，如果任由方法的选择来干扰我们的理念，并非没有可能的是，它将阻碍我们对美好与完善的认知，这将是更危险的。这是我们更应谨记的，尽管人的感觉和意识由神的启示庇护，再加以认真引导，足以使人发现真理；而无论人的感觉、意识或直觉，都不能用来探索可能性。人既不了解自己的能力，也不了解他的同伴的能力；不知道应该给他的盟友多少信任，更不知道如何防备他的对手。这些问题也牵涉到什么样的激情会扭曲人的结论，什么样的无知会使人目光短浅。但是如果错误的理念使人对自身的使命或权利的理解有所偏差，那是他自己的错。而且据我所知，许多智者的心血付诸东流的原因，尤其是在政治方面——比起其他原因来——他们所犯的这个特别的错误更致命，即，对可能性的怀疑，对能力、机遇、困难和挫折的关系更在意，而忘却了什么是他们最初的愿望和决心。这并不奇怪，有时对自身能力的冷静计算，太容易使我们容忍自己的缺点，甚至带领我们走向致命错误——认为我们所推测的自身极限是恰当的，或者换句话说，犯错的必然性，使其显得无害。

在我看来，没有什么能比建筑这一独特的政治艺术更能揭示人类政治组织的真谛了。为了建筑学的进步，我一直觉得有必要下定决心将困惑的大众从部分传统和教条中解脱出来，这些传统和教条历来由于种种不完善或受限制的做法，已经成为建筑学的阻碍，这样一来普适的正当原则就能够施用在建筑学的每个阶段和每种风格。尽管建筑结合了技术与想象力，犹如人结合灵魂与肉体，它也显示了软弱的平衡倾向，盛行下部比上部重要，干扰建构元素，而牺牲纯粹和简洁的典型元素。这种倾向，像所有其他形式的物质主义一样与日俱增；根据部分先例，唯一能抵制这种倾向的律条，即使不是对威权的反抗，也已经被鄙为老旧过时，它显然不适用于当今时代所需要的艺术上新的形式和功能。这些新的需求会有怎样的发展，无法推测；它们奇异而急躁地从每一个现代主义变化的影子中生长出来。在多大程度上有可能满足这些需求而不牺牲建筑艺术的本质特征，无法用具体的计算和法则来确定。据以往惯例，每一条法则通常会很快由新条件的产生或新材料的发明而颠覆；而最合理的——即使不是唯一的——避免整个体系完全解体的风险的方式是在我们的实践中维持系统性并始终如一，或者避免古代的权威在我们的判断中完全失效的方式，是稍微停止一下那些变化多端的对建筑手法的滥用、限制或要求；并试图确定某种永恒、普遍、无可否认的原则作为真理法则——这种法则来自人的天性而非后天教化——这样才能把握真理的永恒性，从而使其他因素的增减都不能伤害或否定它们。

也许没有这样的法则能针对任何一种特定的艺术——没有一种法则的范围能包括人类行为的所有极限。但是，这些法则已经改变了每一项人类成就的形式和方法，而它们的权威程度并不一定会削弱它的分量。这些法则中的一些特定方面属于艺术的首要原则，这是我在下面的篇章中将努力阐述的；而如果真要认真阐释，它们必然是避免错误的保护性法则，也是各种艺术成功的源泉——称它们为建筑之灯[2]应不为过，笔者更要努力确定这些建筑之灯的火焰中的真谛和高贵，力图避免建筑之灯的光线被迷宫般的障碍扭曲和遮蔽。

为了实现这个更深层的检验，这项工作肯定会变得十分芜杂而使人厌烦，也可能无甚用处，因为容易犯错，但此类错误也可以由这个计划目前的简洁性所避免的。虽然简洁，它所涉范围实在太大而可能无法达成任何恰当的成就，更需要笔者在工作本身所占据的许多时间之外，投入更多时间涉及旁枝末节的追根究底。章节安排和命名是出于方便的原因，并不系统；其中多有争议或不合逻辑之处：笔者也不想在本书理论的探索中假装寻求到了卓越艺术的主导性法则（即使不是完美法则）。然而，其中提出的许多相当重要的原则，将会顺利地用来发展其自身。

“你的话是我脚前的灯，是我路上的光。”①

对一个明显严重的错误有必要进行严肃的道歉。正如刚才所说，没

---

① 出自《旧约·诗篇》，119：105。——译者注

有哪一个人类成就的分支的恒定法则不能适用于人类社会的其他领域。但是，更有甚者，正因为我们把每一组实用法则极端简化与固化，我们会发现它们超越了仅仅是彼此联系或类比的状态，实际上使统帅精神世界的有力法则走到了尽头。无论这一行为多么轻率和不合理，其中还是包含某些善意，与人类美德的最高形式类似；真理、决心和节制，我们恭敬地认为这些品质是精神存在最可贵的条件，对手艺的创作，艺术的创造和智力的工作具有代表性或衍生性的影响。

因此每一个动作，甚至具体到画一根线或哼唱一个音节，能以此方式形成特殊的尊严，我们有时候将此称为真实的创作（因为一根线条或一个音调是真实的），因此在它的动机中就能够形成更高的尊严。因为没有这些轻率或不合理的动作，就无以成就宏大目标；任何目标也不会宏伟到微小的动作无以帮助它，或许这些微小的努力可以很有助益，特别是所有目的中最首要的——敬神。因此乔治·赫伯特[3]如是说：

> 虔敬的仆人使枯燥的工作神圣；
> 他打扫一间房间，正如主的律条
> 净化人的行为

因此，在抑制或弘扬任何行为或行为方式时，我们可以选择两种不同的论据：其一立足于作品的有利之处和自身价值——通常很小，也很有争议；其二立足于证明作品与人类美德更高秩序之间的关系，证明它的可接受性，证明它是上帝美德的来源。前者常是更有说服力的方法，后者无疑更有总结性；有人也许会反对，认为在处理微不足道的主题时，不应引用分量较重的论据。然而我相信，没有什么错误比这更不合理。我们将上帝逐出我们的思想，是为不敬；但我们在微不足道之事上引用上帝的意志，却并非不敬。上帝的权威或智慧并无限制，以至于不能用琐事来烦扰他。事无巨细，我们都可祈求上帝的指导，以此荣耀上帝；如果我们任意行事，反而是种侮辱；神性的本质和救赎是相等的。
我们时常仰赖神恰是对他的敬重：我们的行为中不涉及神，就显得傲慢
无知，我们只有普遍运用神的意志才是最真诚的崇敬。也许有人认为我
过度地引用圣言。如果这令人反感，我对此感到抱歉；但我这样做的理
由是希望这些言辞能成为所有论据的根基，所有行为的准绳。对于这些
圣言，我们没能常常念诵，也没能使它们足够深入我们的记忆，更没有
在生活中足够忠诚地执行。风霜雨雪尚且履行着圣言，难道我们的行为
和思想比风雨更轻飘或狂野，以至于我们忘记了圣言？

　　因此，即使在某些段落冒着不敬的风险，我也要冒昧采取更高的论
点——在所有可清晰探究之处：我想请读者对此尤其留意，不仅因为我认
为它是抵达终极真理的最好方法，也不仅因为我觉得这个主题比其他问题更
为重要；也因为在我们这个时代，每一个主题都必须秉持这种精神来阐述否
则毫无意义。未来时代正冷酷而神秘地来临；我们必须抗争的邪恶之重，如
倾闸之水。没有时间进行懒散的形而上的探讨，或用艺术来娱乐。对自然的
破坏正愈演愈烈，而它的不幸也与日俱增；在每一个善良的人出于压抑或解
脱而进行的努力中，要求思想在所有方向上的指引应是合理的，也是举手之
劳，但应面对立即与迫切的需要，这至少是我们与人相关的一种责任，以成
为人的思维习惯的一种精神，并希望无论他的激情或实干都不会迅速消退，
向他表明那些看来机械、冷漠或可鄙的事物有多均衡，依赖于它们对神圣法
则的完善，使信仰、真理和服从成为人一生不断完善的职责。

注释

[1] 威廉·穆尔雷迪［William Mulready（1786—1863），英国画家，以浪漫
化的乡村风景绘画著称。——译者注］。

[2] "法则就是光。"

[3] 乔治·赫伯特过于具有英国脾性（而且是伊丽莎白时期的英国脾性），因
为他不理解苦行在其本质上可以是神圣的，而且有时正因其被迫而非自愿，更显得
神圣，比如约翰·诺克斯在军中服苦役（乔治·赫伯特，英国伊丽莎白女王时期宗
教诗人。约翰·诺克斯，同时期苏格兰改革家，为苏格兰教会确立了严格的道德准
则。——译者注）。

第一章　祭祀之灯

一、建筑作为一门艺术，是指对人类建造的屋宇的排布和装饰，无论作何用途，建筑所营造的风景可能有益于人的精神健康、赋予人力量和快乐。

我们开始探究建筑艺术之前，非常有必要仔细区分建筑艺术与普通建筑物[1]。建造（build），字面上的意义为确立（confirm），通常可理解为将一幢大厦或具有一定规模的空间的几个部件摆放在一起并使之协调。如此，我们有了教堂建筑、住宅建筑、用来制造船舶和车辆的建筑。建筑物或站立，或漂浮于水上①，或悬挂于铁制构件之上，这些建筑物在艺术的本质上并无区别——如果建筑可以被称为艺术的话。那

---

① 水上建筑通常在水下有结构支撑或采用悬挑方式伸出水面，实际上不存在漂浮在水面上的建筑。——译者注

些从事建筑艺术的人，往往是偶一为之的建设者，神职人员、海军，或任何其他可由其工作正名的人：但建筑仅仅凭其物质上的稳固性并不成其为建筑艺术；如果仅凭物质稳固性，作为一座教堂的建筑或能够容纳一定数量神职人员的宗教场所，比起能建造宽敞马车或者迅捷船只的场所来就毫无差异了。我当然并不是说建筑这个词不经常、甚至不可以适用于以上的情况（比如我们所说的海军建筑），但在这个意义上建筑不再是艺术的一种，因此建筑艺术最好不要冒此风险，进行这样宽松的定义，如果将建筑艺术的定义延伸到普通房屋的范畴，而不是将建筑归入适当的定义，这将引起混乱，而且实际上已经常常引起混乱了。

因此，我们的当务之急是必须限定建筑艺术的范畴：在一般使用条件下承认房屋的必要性和日常性，但其艺术性在于建筑形式上附加了古旧或美丽的、而又不必要的特征。因此我想没有人会认为胸墙高度或堡垒位置是建筑艺术的原则。但是，如果该堡垒的石砌表面添加了不必要的部件——一个线脚造型，这就立刻成为了建筑艺术。同样，如果雉堞或堞口仅包含了凸出于建筑体量的外廊，或者城堡下方形成张开的间隔用以防御（图1-1），那没有理由称它们为建筑艺术的特征；但是，如果凸出的部位下方雕刻成圆形线条——这毫无用处，如果堡垒间隔的顶端塑造成拱形或者三叶草形——这毫无用处，但恰恰成了建筑艺术。建筑与房屋之间的界限不一定总能划分得如此清楚，因为大多数房屋依然拥有足以成为建筑艺术的形象和色彩；也不存在一种不是房屋的建筑艺术，最优秀的建筑物首先也是优质的房屋；但是要将两者区分，并理解建筑只和超越自身日常属性的特征相关还是相当容易，也是很有必要的。我说日常，因为一座房屋无论是因荣耀上帝，或为纪念凡人而建造，注定有与建筑装饰相适应的日常功能；而不会出于某些不可避免的必要性，限制其平面或细部的功能。

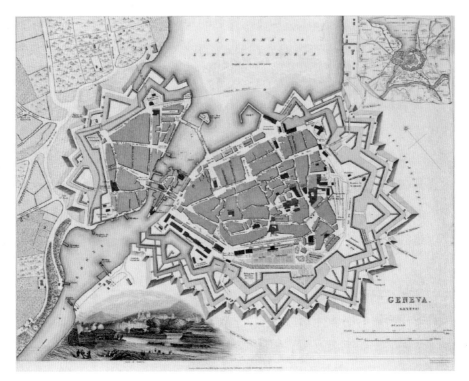

图 1-1　热那亚城中世纪鸟瞰图，星形布局是为了最大程度化解敌军的进攻力量

二、因此，建筑当可分为以下五个类别：

宗教性：包括所有为了供奉或荣耀上帝的建筑物。

纪念性：包括纪念碑和坟墓。

公众性：包括国家和社会机构为日常事务和娱乐所建造的各类
房屋。

军事性：包括所有私人和公共的防御建筑。

居住性：包括所有等级和种类的宅邸。

正如我刚才所说，在我下面试图阐述的理念中，每一条都必须适
用于建筑艺术的所有时期和各种风格，其中一些原则必定对某一类建
筑更适用，尤其是那些激发热情而非指导方向的原则；在这其中我将首
先探讨一种影响所有建筑的精神，但它尤其与祭祀性和纪念性的建筑

有关，这种精神使此类建筑附加了许多珍贵之物，仅仅是因为它们本来就珍贵；它们对房屋来说本不是必要元素，而是我们将自己珍爱之物拿来作为献祭、奉献和牺牲。在我看来，大多数情况下，不仅在当下[2]建造宗教建筑的人之中缺乏这种精神，甚至我们大多数人都将此种珍贵性原则视为危险或有罪。我无法涉及所有可能引起反对的争议领域，此类争议太多且都貌似有理；但我也许可以请求读者耐心听我列出那些简单的原因，让我相信这种感觉正确美好，足以供奉神明同时荣耀凡人——这对于我们正在探讨的这门艺术之中的杰作是无可争辩的必要因素。

三、那么，让我先来清晰地定义这盏祭祀之灯（或曰献祭精神）。我已经说过，它促使我们献出珍贵的祭品，仅仅因为它们贵重，而不是因为它们有用或必需。它是这样一种精神，比如有两种大理石，同样美观、适用和耐久，则选择其中更昂贵的，因为它本应如此；或有两种装饰，同样有效，则选择更精细的，因为它本应如此；如此它就能在这些地方投入更高花费，进行更多设计巧思。因此，它最不理性、最富激情，或许也最有可能遭到诟病成为反现代潮流的精神，因为现代主义最大的愿望正是以最低的成本获取最大的成果。

这种精神有两种不同的表现形式：第一，希望通过自我节制来实现自我约束，以放弃喜爱之物来达成愿望，这样做并不求直接的回报；第二，希望通过高昂的代价或献祭来荣耀或满足他人。第一种情形通常私下或公开进行；但最常见，也许最合适的，是私下进行；后一种情形，最常见的做法是公开进行，且公开大有好处。因此，首先应当判定，不必坚持为了独善其身而进行自我节制，相反，自我节制应在更大程度上成为大众日常的惯例，而不是我们每个人被迫的功课。但我相信，这只是因为我们并未足够领悟自我节制本身的益处，当不得已而为之时，我们可能无法尽其职责；我们怀着偏袒之心来计算提供给他人的好处是否能抵消或相当于我们所受的委屈，而不是愉快地接受牺牲的机会作为个人的福报。如果事情有可能是这样，那就没有必要坚持我们目前的观点；因为对于那些坚持自我节制的人，总是有比与艺术相关的因素更高或更有效的自我牺牲的方式。

至于第二种情形，与建筑艺术尤其相关，此种精神的正当性更加值得怀疑；要解决这个问题，取决于我们对下面这个更宽泛的问题的解答：上帝是否真的可以由任何贵重的物质奉献来得到荣耀，还是应该由并不急功近利的热情和智慧得以荣耀？

请看，现在的问题不是建筑物的美和威严能不能够呼应任何道德目的；并不是指我们所说的任何一种劳动成果，而仅仅是昂贵奢侈的问题；对于物质、人力和时间本身，我们要问，如果不看其结果，这些因素本身是否能够成为上帝所能接受的供奉，上帝是否认为这些足以荣耀他自身？如果我们用感觉或知觉来判定这个问题、甚至仅仅以理性来判断，它会自相矛盾或失之偏颇；要彻底回答这个问题，我们必须先回答另一个完全不同的问题：圣经究竟是一本书还是两本书，在旧约中展示的上帝形象与在新约中展示的究竟是否相同？

四、确凿无疑的事实是，在人类历史上任何时期为特定用途而设的宗教仪式，完全可能由同一个宗教权威废除；另一方面，从古到今任何宗教仪式所定义和描述的上帝形象，都不会因为任何宗教仪式的废除而改变，或在人为理解上改变。上帝唯一而永恒，对事物的好恶也恒久不变，尽管他的好恶可能展现得时少时多，尽管获知他的好恶的方式可能根据人的不同境况由仁慈的主慷慨地予以修正。比如，为了使人理解得救之道，应当从一开始就把得救之道昭示为滴血的牺牲。但上帝在摩西时代的牺牲中得到的愉悦并不比他现在所能获得的更多；他从不接受任何作为赎罪的（事后的）牺牲，而是期冀尚未来临的牺牲：如此，我们就不会再使这个问题蒙上怀疑的阴影，当需要某种特定的牺牲时，其他一切牺牲都不如未来的这一次牺牲有价值。上帝是神灵，只能以精神和真理来崇拜，卓然超脱于日常所献的典型物质奉献或祭品中，因为上帝别无他求，只要发自心灵的崇敬。

因此，最安全可靠的原则是，举行任何宗教仪式时，如果仪式的情景可以追溯，我们可以从中得知或合理地推断上帝在何时能得到愉悦，并且在同样场景下他总能得到愉悦，那么所有的仪式或场所都可以参照这种场景；除非事后有迹象表明，由于一些特殊目的，上帝的意志认为这样的场景应予以撤除。如果能够证明这些场景的世俗功用和价值，对仪式的完整性完全没有必要，它们附加在宗教祭祀中仅仅因为其本身十分珍贵而可以愉悦上帝，这种说法将更有说服力。

五、那么，为了实现利未式祭祀①的完整性，或者因为它可以揭示上帝的旨意，这种祭祀就可以代替凡人献出他所有的一切吗？恰恰相反，利未式祭祀所预示的，是献给上帝免费的礼物；这一类的祭祀所付出的代价或得到祭品的难度，只能使此类祭祀成为一种不清晰的衡量，不足以表现上帝最终给予人类的恩赐。然而，高昂的代价一般是祭祀得以被接受的条件。"我决不会献给我主耶和华对我而言毫无价值的东西。"[3]因此昂贵性必须成为人类所有献给神的祭祀可以被接受的条件；因为如果它能够愉悦上帝一次，它必然能始终愉悦上帝，除非它事后被上帝所禁止，而这一点实际上从未发生过。

那么，以利未式祭祀的典型完美，是否就是上帝的羊群中最佳的献祭？纯洁无瑕的祭祀无疑使得它更具有基督教式的表现力；但也因为它如此有表现力，它就的确符合上帝的要求么？并不见得。上帝如此要求，地上的某位总督也可能如此要求，作为恭敬的证明。"现在献给你的领主吧。"[4]廉价的献祭遭到拒绝，并非因为它与基督的形象不符，

①　利未人是雅各与利亚的第三子利未的后人，负责以色列人的祭祀工作。——译者注

也不因为它没有履行祭祀的目的，而是因为它吝啬小气，不愿将自己最好的财物奉献给恩赐众生的主；也因为对世人来说这是对上帝的大不敬。这样一来我们就可以得出确凿无疑的结论：无论我们认为什么样的供奉适合献给神，它们最好是同类物品中最优质上乘者，过去现在皆然（我并不下论断具体应是什么）。

　　六、但是更进一步，是否有必要动用大规模的马赛克，圣堂和神殿是否应当华美藻饰？为了让圣堂行使其功用，是否就应当张帘挂彩姹紫嫣红？是否有必要用黄铜扣环、白银镶接？雪松为体，金箔覆层？至少有一件事是明显的：这样做有深切可怕的危险；危险在于，他们如此供奉上帝，以至于将上帝与埃及奴隶头脑中所敬的神相关联——埃及人也奉献过类似的供品、进献过类似的荣耀。我们这个时代的人与崇拜偶像的天主教徒感同身受的可能性已经较小（附录一），比起以色列人同情埃及偶像崇拜者所可能带来的危险简直算不了什么；对偶像没有怀疑，就预示着危险；但他们自愿放弃信仰一个月，以堕落成为致命的证明；堕落成最奴性的偶像崇拜者；他们听从头领的旨意来敬神，而头领又接受上一级头领的指示，要求人们向神献祭。这种危险是迫在眉睫的、永久的，也是最可怕的一种：与神提出的教规相反，不仅用戒律，也用恐吓与许诺，用最急切的方式、不断重复以使人印象深刻；也用一时可怕的规条给整个时代罩上阴影，令上帝的怜悯在他的子民眼中黯然失色。神对每一个神权政治律条和每一个裁判结果以及它自身的证明，都向人们昭示着上帝对偶像崇拜的厌恶；这种厌恶写在人类前进的步伐下，在迦南人的鲜血中 [①]，甚至更深刻地存在于人们自身的黑暗孤独中，当孩童晕倒在耶路撒冷的街头，当狮子在撒玛利亚的尘土中跟踪他的猎

[①]　出自《旧约·申命记》，上帝吩咐以色列人对迦南七族赶尽杀绝，连孩童和婴孩也不能放过。——译者注

物。[5]然而有不止一种规条用以应对这种致命的危险（对人类思维来说最简单、最自然、最有效的方式），将任何愉悦感官、营造幻想或将神意限制在某个场所的事物从对神的崇拜中撤除。上帝不要那些异教崇拜者敬献给偶像神的祭奠，却要求这样的荣誉，接受在当地的居所①。这是为什么？这华丽的圣堂是否足以向神的子民显达荣耀上帝本身？为何圣堂要使用紫色或猩红色？只因为信徒见过流向大海的埃及大河②水在天谴下呈血红色？为何使用金色灯盏和小天使，是否为了象征降到西奈山上的天火③——金碧辉煌的圣堂在那里敞开大门迎接凡间的立法者④？为何使用银扣和装饰线脚，因为人们能够从中看到红海的银色浪涛的卷涡中浮沉着马和骑手的肉体⑤吗？不，不是如此。[6]只有一个原因，永恒的原因，上帝与人所立的契约伴随着对他自身永恒存在的外在昭示，以及对他的纪念，同样，人们也会以奉献他们自身和财物来接受契约，以表露对上帝的热爱和顺从。人感谢上帝并不断纪念他，也会直接用他们的真性情和持久的证言来表达，而不仅以头生牛羊作牺牲，不仅用大地的果实和收成的十分之一⑥，也用智慧和美的珍宝；用发明创造，用双手劳作。用木材的丰厚和石块的重量；用铁器的坚硬和黄金的光芒。

我们不应忽视这个博大而恒久不变的法则——或许应该说，该法则

---

① 指教堂。——译者注

② 指尼罗河。——译者注

③ 出自《旧约·出埃及记》，19：16—20：到了第三天早晨，在山上有雷轰、闪电和密云，并且角声甚大，营中的百姓尽都发颤。摩西率领百姓出营迎接神，都站在山下。西奈全山冒烟，因为耶和华在火中降于山上，山的烟气上腾，如烧窑一般，遍山大大地震动。角声渐渐地高而又高，摩西就说话，神有声音答应他。耶和华降临在西奈山顶上，耶和华召摩西上山顶，摩西就上去。——译者注

④ 指神职人员。——译者注

⑤ 指摩西带领以色列人走出埃及的情景。——译者注

⑥ 指什一税。——译者注

不可能被废止——只要人还接受神赐给大地的丰厚物产。因此人所拥有的，必须敬献给神十分之一，否则就是心无尊神：必须虔诚供奉人的技能、财富、力量、智力、时间和辛劳所成就的；如果利未式祭祀和基督教供奉之间有区别的话，那就是后者范围更广，它的意义更不寻常，因为它是感恩，而不是祭祀。上帝没有任何理由接受供奉，因为神并不会在他的神庙里显形；而如果他不可见，只能说明我们信得不够虔诚：神不会因为其他原因不接受供奉，因为其他的敬奉都更直接或更神圣；这才是应该做的，而不是其他遗留未做的。然而，对这种频繁而无力地反对祭祀之精神的意见，必须进行更具体的回答。

七、有人认为——这一点应该一再提及，因为它的确如此——更恰当而高贵的敬神方式是通过向穷人传教而得到的，因为这宣扬了上帝的名号，在此名号下实践神的美德，比在庙堂之中供奉物质献祭更接近神。的确是这样：如果有人用任何其他祭品或方法代替传教，他一定会遭殃！如果人们需要祈祷的场所并接受上帝的旨意，那么就没有时间来打磨支柱或雕琢讲坛；我们有墙和屋顶便已足够。如果人们需要在房屋中得到教诲，需要每日祭祀的面包①，那么我们最需要的是执事和牧师，而不是建筑师。我坚持这一点，我恳求人们如此做；但让我们审视自己，看看这是否确实是人们希望精简建筑的原因。现在的问题不在上帝的圣堂和他的子民的家之间：也不再在上帝的圣堂和他的教义之间。而在于圣堂和我们的家宅之间。难道我们没有用彩色大理石拼花铺地？我们的屋顶没有精美的壁画？我们的走廊里没有安置雕像？室内没有镀金的家具？橱柜里没有昂贵的宝石？花费在这些财物上的什一税有没有奉献给神？这些财物足以证明，或应该足以证明，人类已向引导人类的伟大神灵奉献了足够多的牺牲，余下的也足以让我们花费在豪华事物上；

---

① 基督教礼拜式中以面包代替圣体。——译者注

但还比这利己的奢华更宏大而使人引以为傲的奢侈，那就是把这些奢华之物带入宗教献祭，向神奉献此物[7]，表明我们的愉悦和辛劳已因为纪念了上帝而得到荣耀，上帝会赐给我们力量和奖赏。如此供奉之后，我不明白人们还能如何心安理得地穷奢极侈。我不明白，同样的感觉让我们制造宏伟的拱门，铺砌精致的门槛，却为教堂开辟狭窄小门或者设置磨损的门槛；这种感觉让我们穷奢极侈营造我们自己的大厦，但却给教堂留下毛糙的墙面、简陋的格局。人类很少有如此难以抉择的时刻，人类很少有如此自相矛盾的行为。也有孤例，人的幸福感和心理活动依赖于他们的居所的奢侈程度；但这是真正的奢侈，看得见摸得着的，能使人获得收益的。在大多实例中，人们不会尝试这类行为；他们拥有的平均资源无法达到如此的奢侈；而且，他们能够获得的财富，不会给他们带来幸福，还可能被分摊。在后面的章节中读者将看到，我不提倡鄙陋的私人住宅。我会欣然介绍住宅所可能达到的辉煌、精心构筑和美；但我不会把钱花在没人注意的装饰和仪式上；天花板和门的线脚，窗帘的流苏，还有名目繁多诸如此类的装饰，这些都已经愚蠢和熟视无睹地成为定式——成为各行各业通用的做法，却不包含上帝所赐的真正喜乐，它成了最背离上帝精神的用法——这些装饰耗费生活一半的开销，但消灭了超过一半的舒适度、人性化、可敬感、新鲜度和便捷性。我对此有真实的体验：我知道生活在使用简陋地板和天花、用云母石板做炉膛的山村小屋是什么感觉；我知道它在许多方面比生活在土耳其地毯和镀金天花板之间、伴在铁格栅和抛光壁炉之旁要健康幸福许多。我并不是说建筑不能进行装饰；但我想强调的是，这些浪费在民间建筑装饰的十分之一——如果还没有完全无意义地损失在世俗的不舒适和昂贵负担上——这十分之一如果能够统筹起来，善加运用，完全可以在英格兰每一座城市建造一座大理石教堂；这样的教堂将为我们的庸常生活带来快乐和福音；它高耸的塔顶卓尔不群于诸多紫色的卑微屋顶之上，也能让我们在极目远眺时耳目一新。

八、我前文说每个城镇——但我也并不是说每个城镇真的要有大理石教堂；我并不是为了建造教堂而建造，而是为了演绎这种祭祀精神。教堂不需要任何可见的藻饰；她的力量不依赖于这些（人为的）装饰而存在；她的纯洁在一定程度上与装饰相背离。一座乡村避难所的简洁比一座城市教堂的威严更可爱；这种威严是否增加了人们虔信宗教的程度实在值得怀疑[8]；但对教堂的建造者来说，庄严的确是神意的代表，并将永远如此。我们想要的不是教堂，而是崇敬；不是倾慕的热情，而是崇拜的行为；不是财物，而是赐福（附录二）。充分领会这一点之后，生来观念相悖的不同阶层之人会产生多少共通的慈悲之心；凭借这样的情怀建造出的作品又会多么高贵不凡。没有必要通过繁复、自我炫耀的华贵来冒犯神意。神的赐福可能以意想不到的方式降临。让那些了解质朴的斑岩的珍贵并善于使用它的人，从岩石中切出一两片；再用一个月的劳作将其刻成柱头，它的优美无法被那些满眼珠石宝玉的人所理解；他们也看不到大厦最简单的砖石才是完美实在的；对于理解此事的人，建筑将为他们留下明确而深刻的印象；对于那些无法理解此事的人，这样的建筑至少也是无害的。但不要以为这样的敬神笨拙无用。用昂贵代价换来的伯利恒井水有什么用处，以色列王不是照样用它来浇熄亚杜兰的尘埃①？难道他用这水来解渴会更好？满怀热诚的基督教祭祀有什么用，尽管最初由虚假的声音说出，我们现在如果想要克服这种缺憾是否只能永远使用阴郁的调子？[9] 所以我们也不必问，为教堂奉

---

① 出自《旧约·撒母耳记下》，23：13—17：收割的时候，有三十个勇士中的三个人下到亚杜兰洞见大卫。非利士的军兵在利乏音谷安营。那时大卫在山寨，非利士人的防营在伯利恒。大卫渴想，说，"甚愿有人将伯利恒城门旁井里的水打来给我喝。"这三个勇士就闯过非利士人的营盘，从伯利恒城门旁的井里打水，拿来奉给大卫。他却不肯喝，将水奠在耶和华面前，说，耶和华啊，这三个人冒死去打水。这水好像他们的血一般，我断不敢喝。如此，大卫不肯喝。这是三个勇士所作的事。——译者注

献物质祭品有什么用：这至少比我们自己保留这些财物要好。对其他人也是如此——多少有这个可能；尽管我们必须始终小心翼翼而普遍地避免这种想法——认为寺庙的辉煌可以实质性添加崇拜的效果或者宗教的力量。无论我们做什么或提供什么，都不要让它干扰祭祀的纯洁或者减灭削弱信仰的热情。[10]

九、然而，尽管我特别反对仅归罪于祭品的可接受性或实用性，而不是归罪于人们企图从献祭精神中得到实际好处，我们仍然很容易观察到，这样做有一个较小的优点将永远伴随对所有教义的正确理解。上帝的第一批供品是从以色列人那里得到的——作为忠于他的见证，但这第一批供奉却最终因为神的财富不断增加而得到回报——这一点尤其关键。时光与和平带来的富饶和长久，是上帝承诺和让人体验的奖赏，尽管最初献祭的目的不在于此。什一税存入仓库，表明福音没有足够的空间来接受。因此事情总是如此，上帝从不会忘却任何饱含爱意的劳作；无论已呈献给他的最初与最好的部分或力量是什么，他都会复制增添七倍。因此，尽管宗教可能无需艺术作为一种祭祀，但如果艺术不是首先用来奉献给上帝，它就不会繁荣——无论这种奉献是由建筑师或雇主付出；由那些精益求精、饱含热情的人，或由另一些人，他们用更坦诚、更少斤斤计较的付出来设计，比花费在自己私欲上的事物投入更多。让我们至少承认一下这个原则吧；无论这个原则在实际上可能受到怎样的冷淡或者抑制，无论其影响力多么微弱，无论其神圣性可能由背道而驰的虚荣心和私利所抵消，仅仅承认它就能使我们有福；并且，以我们历来所积累的手法和智慧，我们定可成就 13 世纪以来最激情澎湃的艺术高度。我认为这是一个极其自然的结果：我的确希望有更多优秀的神职人员在他们被明智而虔诚地雇佣的场所之中能得到这样的福祉，但从人性的角度，我所提到激情也是确凿的，并将自然服从祭祀精神的两大条件：其一，行事应尽善尽美；其二，在建筑上，我们应该考虑增加可见

图 1-2　弗拉克斯曼雕刻作品

的劳动成果，如此才能为建筑增加美感。从这两个条件可以得出一些推论，如下。

十、对于第一条：这一点足以确保成功，并作为我们不断失败时瞻仰的典范。谁也无法像一个完美的建筑师那样能够持续保持工作的激情；就我所看到的当代建筑，从来没有哪一座看不出设计师或建造方的纰漏。这是现代工作的特殊性。所有古代的工作几乎都是苦力——可能来自孩子、野蛮人、乡下人的辛勤工作；但无论如何是尽了他们最大的努力。我们现在的工作却需要不断观望经济价值，时不时地暂停，敷衍了事以求符合最低要求；从来没有为了尽善尽美而用尽我们的力量。我们能不能至少这样做一次，摆脱种种诱惑吧。不要让我们自愿降低对自己的要求，然后再对自身的缺憾失望哀叹；让我们承认自己的贫乏或狭隘，但也不要否认我们具有人类的智慧。问题甚至不在于我们应该做多少，而是应该如何做；不是怎样做得更多，而是怎样做得更好。我们不要在屋顶雕上拙劣的、未完成的、钝边的玫瑰花浮雕；设计侧门时不要对中世纪雕刻进行僵硬模仿。这都是对常识的侮辱，只能使我们远离中世纪典型建筑的高贵。如果我们有那么多钱可以花在建筑装饰上，让我们回到弗拉克斯曼 ①（图 1-2）的时代，不管他可能是谁；让他为我们雕一尊像、一道装饰带或一个柱头，或者倾我们所有让他工作，但要求他满足一个条件，那就是必须尽其所能；随后把这些成果放置在能发挥最大价值的地方，并且心满意足。（相比之下）我们的其他柱头无非是块石头，其他壁龛不过是个空槽。这也无所谓，哪怕我们所有的工作都未完成也好过劣质的成品。如果我们不希望装饰享有那么高的重要性：那就选择一个不那么复杂的风格，如果你愿意的话，就用更为质朴的材

---

① John Flaxman（1755—1826），英国雕塑家及画家、绘图家，英国及欧洲新古典主义的领袖人物。——译者注

图 1-3　诺曼底圣三修道院（St-Etienne-le-Vieux Church）遗址，典型卡昂建筑

料；我们现在强调的法则只要求我们用于外露建构的必须是某一类之中的出类拔萃之物；因此，即使选择诺曼式的 ① 粗糙斧凿，而不是弗拉克斯曼精雕的装饰带和塑像，但是要让它成为最好的斧凿作品；如果买不起大理石，那就用卡昂石 ②（图 1-3），但要从最好的石床开采；如果不用石头，就用砖，但也要最好的砖；总之宁可用下一等匠作之优，也不取上一等匠作之劣；这不仅是我们现在完善所有建筑、使物善其用的方

① Norman Architecture，通常概括为诺曼人占领期间，在 11 至 12 世纪发展起来的罗马建筑式样，特征为常见的罗马圆拱及庞大粗犷的体量。诺曼式建筑随后即演变成为哥特建筑。——译者注

② 卡昂地区特产一种卡昂石灰岩（Pierre de Caen）。早在高卢-罗马时期就已经被发现和使用。最早的卡昂城便是采用卡昂石灰岩建成的。直到今天，诺曼底地区以及相邻的布列塔尼地区依然保留有不少采用卡昂石灰岩建成的教堂、修道院、市政厅等建筑。——译者注

式；而且它更诚实不造作、并与符合人性的纯正法则彼此统一——这些法则的范围正是本书探讨的主题。

十一、另一个我们必须注意的条件是投入建筑物的劳动的外在价值。我以前就专门论述过这个问题[11]；它确实是艺术最常给人带来愉悦的源泉之一，然而却有着一定的明确限制。因为，在没有价值观对错的前提下，首先劳动的价值不那么容易被表达，不像材料能外化其价值，因此常常承担被忽略的命运；而浪费实际的人工总是痛苦的，只要这人工是可见的。但的确如此，尽管珍贵的材料也可能由于一定的挥霍和疏漏，被用于很少被人看见的奢华，人的劳作却不应被随意和漫不经心地处置而不感觉到错误；正如造物主从不会白白浪费生命的能量——尽管有时候我们也不免暂时放弃珍贵之物，为了表示在祭祀的条件下它只能沦为糟粕和尘土。是正视人的热情努力，还是抛弃它，要在这两者之间进行恰当平衡还有更多的问题，并不是凭借正直或审慎就能解决。一般来说并不是劳动成果的缺乏使我们不快，而是这种缺乏导致判断力的丧失使我们不快；因此，如果人们坦诚地为劳动而劳动[12]，如果他们充分了解在何处或以何种方式显露其劳动成果，我们就不会有多么不快。另一方面，如果劳动为了表达某一原则或避免欺骗而有所失落，我们也会感到高兴。这个原则其实属于我们现在探讨的主题的另一个部分，但也请允许我在此加以说明，即，无论何时，一座建筑物的建造，它的某些部分被隐藏在眼睛无法看到之处，该处是其他部分连续装饰部件的延续，装饰不应在隐蔽部位打断；有明显的证据，但也不应该被欺骗性地撤销：比如，教堂三角楣上的雕像背后的装饰，可能从来没人看得到，但也不应该不续完这段装饰。因此在黑暗或隐蔽处的装饰，最好是宁可完成；在凸砖线条上，或者其他连续部位；它们有时可能不免停顿，那是在这些装饰进入明显不可穿越的凹进处——在这样的地方就让它们明确地终止吧，终止于一个明显的终端装饰节点，决不要假装它们会出现在它们不应出现的地方。位于鲁昂大教堂 [①]（图 1-4）耳堂侧面的钟楼拱门上由玫瑰花形装饰拱肩，在三个可见的面上有；而在面向屋顶的一侧没有。这样做的正当性，是一个非常值得讨论的问题。

图 1-4　鲁昂大教堂西立面

---

① 又称鲁昂圣母大教堂（Cathédrale primatiale Notre-Dame de l'Assomption de Rouen），始建于 1110 年，由当地主教罗伯特二世主持修建。为诺曼底地区哥特教堂杰作，正立面有两座风格不同的塔楼。侧面的圣母礼拜堂藏有 13 及 14 世纪精美的墓葬艺术品。19 世纪著名印象派画家莫奈曾以鲁昂大教堂为描绘对象，创作了二十多幅作品。——译者注

十二、然而我们必须记住，可见性不仅取决于方位而且取决于距离；在眼睛无法观察到的部位精雕细琢，这绝不是令人痛苦或不明智地白白耗费辛勤劳动。再一次，我们必须实行真实这一原则：我们不应在人眼看得见的地方布置几乎覆盖整个建筑的细密装饰（或至少不在每个部位都布置装饰），而在看不见的地方又将装饰粗暴地抹去。这是欺骗不实。[13]首先考虑什么样的装饰在远处能看见，什么又在近处能看见，然后再分别布置，眼睛能观察到的近处保持装饰实质上的精致，把简略粗糙的部件甩到顶部；有某些部件如果既近在眼前又适合远观，必须注意将其处理得既醒目又简洁，这样近在眼前可以欣赏，远观也妥帖，观看者可以明确知道这是什么以及价值几何。因此方格图案，通常来说普通工匠均可驾驭，适合延展到整栋建筑物；但浅浮雕，精致的壁龛和柱头，就应该摆在靠下部的位置；这样的常识通常都能使建筑庄严挺立，尽管成果可能有些突兀或怪异。因此维罗纳圣泽诺教堂（图 1-5）充满戏剧性和趣味性的浅浮雕，受到正立面平行四边形的限

图 1-5　维罗纳圣泽诺教堂

图 1-6 鲁昂大教堂南门

制，爬升至门廊柱头的高度。在这之上，我们看到了一条简洁却精巧的
小拱廊。再往上，只有空白的墙面和方形的柱。整体效果比起整个外立
面被糟糕的雕刻覆盖要庄严优雅十倍。当我们没有太多经费时，这可以
作为宁少不多的典范。同样，鲁昂大教堂十字耳堂的侧门被精细的浮雕
所覆盖（图 1-6）（对此我应该详细阐述）[14]，位于一个半人高处；再
往上是更容易看见的常规雕像和神龛。同样在佛罗伦萨大教堂的乔托钟
楼，环形浅浮雕置于最底层；再往上是雕像；再往上是马赛克图案以及
螺旋柱，饰面精美，如同意大利那个时代所有的艺术作品一样，但与浅
浮雕相比，在佛罗伦萨人眼中依然不过是简单粗糙。（图 1-7）同样法
国哥特教堂最精致的神龛和线条通常也都位于大门和底部窗洞，在视线
范围以内；尽管此类建筑主要依靠细节的丰富性来成就其风格，偶尔上
部也会突然出现满布的雕饰和不受控制的雕花，比如鲁昂大教堂西立面
三角楣，在后退的玫瑰花窗处，有一些最精美的花饰线条，从下面完全
看不到，仅为深深的阴影增添了丰富感，缓解了三角楣杆件的突出感。
然而，可惜这个雕饰是糟糕的火焰哥特式，它的细部雕饰和使用毁坏了
文艺复兴的特征；而在更早建成的更庄严的南门和北门，从远处看它们
有着更优雅的比例，北门上部的神龛和雕像离地面一百英尺左右，像简
单的大塑像；从底部看是这样的效果，不具有任何欺骗性，然而在上方
也诚实地完成饰面，正如人们所期待的那样；造型美丽、表情丰富，如
同那个时期所有的作品一样精美。（图 1-8、1-9、1-10）

十三、然而需要记住，尽管所有精美的古代建筑物的装饰——据我
所知没有例外——都是在底部更精细，它们的上部通常采用效果明显的
体量。对于塔楼来说这一原则十分自然正确，基础的稳固和上部结构的
分割和雕镂一样重要；后期哥特更轻盈的构筑和更丰富雕镂的冠顶也
是如此。我们已经提及的佛罗伦萨乔托钟楼是结合了两种原则的精美典
范：浅浮雕装饰较大的基础，上部镂空的花窗用细巧的繁复吸引视线，

图 1-7　乔托钟楼底部浅浮雕（部分）

图 1-8　鲁昂大教堂外立面上的雕塑

图 1-9　鲁昂大教堂柱饰细节

图 1-10　鲁昂大教堂雕刻与底部基座

丰富的檐口成为塔顶冠饰。此类处理的最佳典范是上部仅由体量和形体丰富营造效果，底部以精致取胜；鲁昂大教堂的"黄油塔"①（图 1-11、1-12、1-13）也是如此，整体遍布装饰细节，越往上越细分为丰富的网格。在建筑主体上这一原则不一定正确，但这一问题不在我们目前讨论的主题内。

图 1-11　黄油塔全貌

① Tour de Beurre，富丽高峻的黄油塔是鲁昂大教堂三座巍峨的塔楼之一，为法国火焰式哥特最华美的作品，借助封斋期征收的黄油消费税得以建成，故俗称"黄油塔"。位于教堂西立面的南侧，每一面都有无数小尖塔、山墙和雕塑，顶部有美丽的镂空雕刻的冠顶。——译者注

图 1-12　黄油塔冠顶

图 1-13　黄油塔冠顶细部

十四、最后，建构也可能因为选材过好或者过于精细而不能长期外露而浪费；这一点通常是晚近的，尤其是文艺复兴时代的特征，可能是所有错误中最严重的。我不知道还有什么能比帕维亚卡尔特修道院（图1-14、1-15）的象牙雕刻，以及贝加莫克莱奥尼教堂墓地的部分（图1-16）更让人痛惜的了——还有另一些同类建筑——它们外表结满了霜垢，很难让人不联想到衰败凋敝；观之有深切的悲凉。这并不是由造型引起的，也不是雕刻不精致——它们大部分极具创造力和表现力；而是因为它看上去好像只适合摆在精镶细嵌的橱柜中或者铺了天鹅绒的盒子里，好像完全不能承受风霜雨淋。这样的建构未免使我们倍感担忧和折磨；所以我们觉得粗壮的柱子和清晰的阴影（对建筑来说）就足够了。然而，即使在此类案例中，很大程度也取决于装饰最终饰面的表现。如果装饰达成了它的使命——如果装饰的阴影和光亮的确突显了整体效果，那么我们也不会感到不快，即使雕刻匠任凭其喜好选择制造远

图 1-14　帕维亚卡尔特修道院

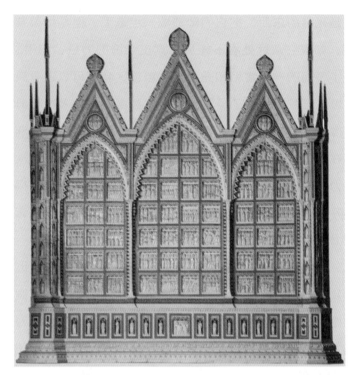

图 1-15　帕维亚卡尔特修道院的祭坛装饰，上面布满了象牙雕刻

图 1-16　贝加莫克莱奥尼教堂正立面

胜于仅仅是光影的东西，把它们塑造成一组造型。但是如果装饰不呼应它的作用，如果它从远处看不能展露真正装饰的力量，如果总体看来，它仅仅成了表面的一层霜垢和无意义的粗糙，我们再靠近看只能更加难受——想想这层霜垢耗费了经年的人力，包含了多少人物和典故；用斯坦霍普显微镜① 来看还更好些。北方哥特建筑比晚近的意大利建筑的伟大之处也在于此。它达到了几乎同样的细部的极致；但是它从未失去建筑的表现力，从未败在装饰的力量上；它的每一片叶饰都栩栩如生，在远处依然呼之欲出；只要把这一点处理妥当，建筑就可以任意进行合理而有表现力的华丽装饰——没有限制。

　　十五、没有节制——建筑师一说起过度的装饰就会发此感慨。然而，好的装饰绝不会过度，只有糟糕的装饰才会过度。我在铜版插图上绘制了鲁昂大教堂中央主门的一个最小的神龛。这扇门我认为是现存纯粹的火焰式哥特最精致的作品；尽管我已经论述过它的上部构造——特别是后退的窗洞——是一种堕落，但我依然认为这扇门本身属于一个更简约的时期，绝对没有被任何文艺复兴思潮污染。有四串这样的神龛环绕门廊（每个包含两尊雕像），从地面到拱顶，间隔以三行更大而精细的龛；在六层主顶棚的每个外支柱的旁边。这样次一等级的神龛竟有176个，每个都如插图所示，每一个在自己的龛室中使用不同的花窗（附录四）。然而在所有这些装饰中没有一个叶尖饰或小尖塔是无用的——没有任何一道凿刻是无用的；它所有的优雅和奢华都是可见的——甚至可以触摸——即使对那些并不好奇的眼睛来说；它所有的细碎并未损害其庄严大气，而是增加了高贵不凡的拱门的神秘感。某些建筑形式华丽张扬，足以承载繁复的装饰，另一些形式则简洁有力而无需装饰；但很多人并不理解，那些高峻简约的形式，必须仰赖其局部的赏

---

① 斯坦霍普显微镜是一种单片式显微镜，由查尔斯·斯坦霍普伯爵三世发明。——译者注

心悦目进行对比，如果整体单调则会令人沮丧，仿佛艺术在此休止了；为了使它们看来更愉悦和兴奋，我们应该在它们的美好表面饰以丰富多彩的马赛克，饰以狂野的趣味和幽深的绘画，要比充斥仲夏夜之梦的意象更厚重古雅；那些被绿叶遮蔽的拱门；那些扭曲的花窗和星形的光线形成的窗的迷宫；那些让人眼花缭乱的塔尖和带有冠顶的塔楼——这些或许是留给我们唯一的对国家民族感到敬畏的见证。建造者们曾经追求的其他东西都已消逝了——他们所有鲜活的趣味、目标以及雄心。我们无法得知他们为了什么而劳作，也看不到他们得到了什么回报。成功、财富、权力、幸福——所有这一切都已失去，尽管曾经用许多痛苦的牺牲换来。但是在他们的生命和心血为大地添加的成果中，在那些留给我们的饱经风霜的灰色石头中，留下了一种奖赏和证明——他们将权势、荣耀以及谬误带进了坟墓，却为我们留下了崇敬之心。

注释

[1] 这个区别在字面上听来僵硬而拗口，但在人的思维中却并非如此。尽管措辞僵硬，它却十分准确。它是对 αρχη 的附加——柏拉图将这个词用于"律条"——从而将建筑与蜂巢、鼠洞或者火车站区别开来。

[2] 自私与不敬的古怪行为是由玻璃工匠提倡的，为了促进这行的贸易，于是将彩画窗变为私人占有物，而不是普适的宗教，这是我们这个时代最糟糕的行为，它傲慢无知并且虚伪。

[3]《旧约·撒母耳记下》，24：24（王对亚劳拿说，不然。我必要按着价值向你买。我不肯用白得之物作燔祭献给耶和华我的神。大卫就用五十舍客勒银子买了那禾场与牛。——译者注）。

《旧约·申命记》，16：16（你一切的男丁要在除酵节，七七节，住棚节，一年三次，在耶和华你神所选择的地方朝见他，却不可空手朝见。——译者注）。

[4]《旧约·玛拉基书》，1：8（你们将瞎眼的献为祭物，这不为恶吗？将瘸腿的，有病的献上，这不为恶吗？你献给你的省长，他岂喜悦你，岂能看你的情面吗？这是万军之耶和华说的。——译者注）。

[5]《旧约·耶利米哀歌》，2：11（我眼中流泪，以致失明，我的心肠扰乱，肝胆涂地，都因我众民遭毁灭，又因孩童和吃奶的在城内街上发昏。——译者注）。

《旧约·列王纪下》17 原文相关段落如下："亚述王从巴比伦、古他、亚瓦、哈马，和西法瓦音迁移人来，安置在撒玛利亚的城邑，代替以色列人，他们就得了撒玛利亚，住在其中。他们才住那里的时候，不敬畏耶和华，所以耶和华叫狮子进入他们中间，咬死了些人。"

[6] 是的，千真万确。人们对所有暂时所见的印象第二天就会淡忘。持续的奢华对他们来说是必要而有益的：天国所要求的祭祀从来不会没用。

[7]《旧约·诗篇》76：11（你们许愿，当向耶和华你们的神还愿。在他四面的人，都当拿贡物献给那可畏的王。——译者注）。

[8] 是的，可能不仅是可疑，应该是愤怒地或者悲哀地拒绝这种威严；但绝不应当由卑微和多虑的人来行使。这一主题起初是由我在牛津的第二次任职演说里提出的，不带有任何长老会成员式的偏见，而必须站在纯粹理性的角度。

[9] 出自《新约·约翰福音》，12：5（《约翰福音》，12：1—7：逾越节前六日，耶稣来到伯大尼，就是他叫拉撒路从死里复活之处。有人在那里给耶稣预备筵席。马大伺候，拉撒路也在那同耶稣坐席的人中。马利亚就拿着一斤极贵的真哪哒香膏抹耶稣的脚，又用自己的头发去擦，屋里就满了膏的香气。有一个门徒，就是那将要卖耶稣的加略人犹大，说："这香膏为什么不卖三十两银子周济穷人呢？"他说这话，并不是挂念穷人，乃因他是个贼，又带着钱囊，常取其中所存的。耶稣说："由她吧，她是为我安葬之日存留的。因为常有穷人和你们同在。只是你们不常有我。"——译者注）。

[10] 此处删去 13 行对罗马天主教的野蛮攻击——为了保持本章行文的优雅并保持其纯粹的真实性。[原文为"那是罗马天主教的谬误，完全背离基督教真正的奉献精神。天主教堂的处理过度铺装奢华；完全是表面功夫；他们教堂繁复装饰的危险和邪恶之处，不在于其本身，不在于它所展示的底层民众无法获得的财富和艺术，而在于它恶俗的闪光，虚伪的镀金，粉饰的色彩，褪色的长袍刺绣，簇拥的人造宝石；所有这些常常争相呈现，掩盖了建筑真正优秀之处。这样的天主教堂丝毫未呈现对主的感恩之情，也无法赢得赞赏或救赎。"——译者注]

[11]《现代画家》，卷一，第一部，第三章。

[12] 此处表达不清晰。我的意思是，如果他们的工作展示了对自己工作成果的尊重，并且享受工作的乐趣——而不是创造不可能的成果，或以量大而质劣的成果给旁人以深刻印象，仿佛坦言他们无法创造优秀成果似的。下一句的"失落"可能用"牺牲"代替更准确。

[13] 本书过分着重于美学处理的真实性而对材料施工的真实性着力不够。任性的孩童绝对无法建造一座美丽的建筑，比起细腻的感性，只有常识——美德的根源——对一个有力的人的设计更有意义。为了诚实地履行一份建筑合同，对工匠更高层次的感受应该比他的雕塑方法有更多考察。但是本注释以后的本章结尾各节都十分完美，无法表达得更透彻了。

[14] 为了方便起见，在本书中当我提到某个地名时，我指的是其城镇中心的教堂。

第二章　真实之灯

一、在人类的美德与人类所居住的地球的晨昏之间有着相似之处——它们的活力同样由于各自领域的局限而逐步衰减，它们同样最终与其对立面分离——在两者相遇时闪现出同样的微光：美德的奇特暮光是比地球滚入黑夜的地平线之暮光更宽广的光谱；（随后）昏暗蒙昧的大地上，热情变成急躁，节制变成严酷，正义变为残忍，信仰变为迷信，万事万物消逝在幽暗之中。

随着黑暗更为扩张，尽管光线更趋黯淡，我们可以确知太阳已经沉入地平线下；令人高兴的是，它的光影从下落之处还将回转过来：只是，地平线是不规则和不确定的；而地球的赤道也是如此——如同真实本身一样——是唯一一条没有纬度的线，却时不时调整和断裂；它支撑地球的运转，却被云雾遮蔽；它只是一道金色的细线，依赖于它的力量和美德也会随之弯曲，原则和审慎隐藏了它，善良和礼貌改变了它，勇气用它的盾牌遮蔽它，美德以其翅膀遮盖它，仁慈用眼泪使它黯然。保持真实这一权威有多困难，尽管它必须抑制人类的一切最坏的原则带来的敌意，也必须限制最好的原则造成的混乱——它不断遭到前者（坏的原则）的攻击，并遭到后者（好的原则）的背叛，它也可能以同样的严重性，最明确与大胆地违背自身原则！在热爱的目光中常含有轻微过失，在智慧的衡量中常含有些许错误；但真实不原谅侮辱，也不容忍污点。

我们常常忽视这一点；也很少对真实原则所受到的轻微而持续的冒犯感到担心。我们太习惯于看到虚假以最阴暗的面目和最糟糕的色彩表现。我们在遇到彻底的欺骗时所宣称的愤怒，其实仅针对恶意欺骗本身。我们憎恨诽谤、虚伪和背叛，是因为它们伤害了我们，而不是因为它们不真实。如果把不真实对我们形成的毁损和伤害去除，我们其实不太反对它；如果把不真实转变成赞美，我们也许会欣然接受它。但是世界上大多数的伤害并非来自诽谤或背叛；这些伤害不断被粉碎，人们只有在克服这些伤害时才感觉到它们的存在。恰恰是闪亮而柔和的谎言、亲切的谬误、历史学家爱国的篡改、政客精打细算的欺骗、拥护者们狂热的疯话、友人善意的欺瞒、每个人对自己不经心的撒谎，给人性投下了黑暗的秘密；我们要感谢每个戳穿谎言的人，就像我们要感谢在荒漠之中掘井的人一样；我们很高兴对真实的渴望仍在我们心中，即使我们曾经弃真实之甘泉于不顾。

如果道德家不经常混淆罪恶的严重性与其不可饶恕性就好了。这两者截然不同。罪恶的严重性部分取决于对什么样的人而犯，部分取决于其后果的程度。它的可饶恕性从人性角度来说取决于罪恶的诱惑程度。前一种情形决定附加惩罚的程度；后一种情形决定减免处罚的程度：由于人类并不总能轻易估计犯罪惩处的轻重，也并不总能预计相关的后果，于是最明智的做法是不要做出仁慈的衡量，而是放眼于其他更明确的罪责，推断出最小诱惑能达到的最严重的错误。我并非出于虚伪自私而降低对伤害与恶行的责备。但在我看来，检验欺骗的阴暗面的捷径是仔细审查我们的生活现状与被忽视和未净化的东西的混杂。根本不应欺骗。不要认为一种虚伪无害，另一种程度轻微，而再一种并非出于故意。把它们都撇在一边：它们可能对人只有轻微和偶尔的伤害；但所有这些都像矿井中升起的丑陋烟灰；我们应该把它们从我们的心灵中清扫干净，无需顾及哪个最严重和黑暗。述说真实如同书写公平，只能通过实践来实现；它更多是习惯的问题而非意愿的问题，如果有某些情景能允许这样的习惯的练习和形成，我怀疑这样的情景是否真的微不足道。坚持不断精确地述说和实践真实原则几乎和在受到恐吓与惩罚的情况下坚持真实同样难，或许同样值得赞赏。有多少人会以财产或生命为代价坚持真实原则呢——我相信这是个奇怪的想法——因为常常有人会因为小小的日常烦恼而就放弃它；在所有的原罪中，或许没有哪一种像欺骗那样是对全能的上帝最直接的反抗了，没有哪一个最违背"期冀美德与存在的完美"这一原则了。稍经诱惑或未经诱惑即陷入欺骗的不道德，必定是种奇怪的轻慢无礼，也只能通过成为一个高尚的人来解决，也就是说，无论此人必经的命运历程如何驱使他承担或相信任何假象或谬误，没人能够扰乱他自主行为的安宁，也不能消减他所选择的快乐。

二、如果为了真实的原则这样做是正当和明智的，那么为了真实所带来的愉悦就更有必要这样做了。因为，正如我提倡以人的行动和他所得到的快乐来表达祭祀精神，并不是说因此这些行为就能够进一步佐证宗教的理由，而是因为更确凿的是，这些行为将更多地彰显其自身，因此我希望把真实之灯或真实精神在我们的艺术家和工匠心中厘清；并不是说手工艺的真实实践能进一步为真实原则正名，而是因为我更愿意看到手工艺本身得到真实精神的激励；而且如果能看到真实这一原则体现了何种力量和普适性，能看到每一门艺术与每一种人类行为的高贵或没落有一半取决于采纳还是忘怀真实原则，那真是太好了。我先前已试图以绘画为例展示了真实原则的范围和力量。我相信要论述它在所有伟大建筑实例中的权威性需要一整卷书而非一个章节。但是我必须满足于少数大家熟悉的案例的力量，相信通过讲解它们，可以更容易实现追寻真实的愿望，胜于对真实的分析本身。

当然，很有必要在一开始就厘清哪里存在谬误，并将它与我们的想象区分开来。[1]

三、人们的第一印象可能是：这个充满想象力的国家同时也是欺骗之国。绝非如此：想象是自觉地召唤不在场或不可能的观念；想象的乐趣和尊严部分由这样一种认识构成，即，在事物看似在场或真实之时，却实际上不在场或不可能。当想象力欺骗人们，它就变得疯狂。只要它承认了自己的理想性，它就成了一种高贵的能力；当它不承认这一点时，它就变为疯狂。所有区别在于是否承认欺骗的存在。对我们这个等级的精神生物来说，我们非常必要有能力创造和发现非欺骗性的事物；而对我们这些道德生物来说，我们也应同时了解和确定事物不含虚假成分。

四、同样，人们也会认为，也常常这样认为，整个人类的绘画史无非就是一场欺骗的企图。但事实绝非如此：恰恰相反，绘画是以最清晰、可能的方式对确凿的事实的记录。例如：我希望描述一座山或一块岩石；我开始讲述它的外形。但是语言无法作出清晰的表述，然后我将它画出，说，"这就是它的样子。"然后，我还很乐意表现它的颜色；但是语言同样无法做到这一点，因此我就在纸上着色，说，"它是这个颜色的。"这一过程将继续下去，直到我想描述之物跃然纸上，它的纸上具象能给我带来极大的喜悦。这是一种用来沟通的想象行为，但绝非谎言。谎言只能由——对事物之存在的断言构成（从未被制造、被指明、从未使人相信的事物），或对形象和颜色的虚假描述构成（这种情形确实大量出现，并使人相信，令我们遭受了许多损失）。也请注意，有时欺骗性事物在手法和表现上如此低劣，所有的绘画即使乱真地表现了事物依然会被认为带有欺骗性。我会在其他地方充分阐述这一点。

五、对真实原则的违反，尽管毁损了诗歌和绘画，却在很大程度上受限于这些艺术门类的主题手法。而在建筑领域更让人不悦的另一种更不收敛的违反真实却是有可能发生的：在材料本质和人力工时的量上进行虚假伪饰。以这个词语的本质来讲，这一定是错的；像任何其他道德上的过失一样，它应该受到谴责；它不值得任何建筑师和民族效仿；它已成为一种现象，到处广泛存在，被人容忍，作为艺术沦落的象征；它并不是一种更糟的、人们普遍要求诚实的表现，它只能归因于我们对于一种奇怪的分离的认知——这种奇怪的分离几个世纪以来一直存在于艺术和其他人类智慧领域之间，作为一个意识问题。艺术创作者身上这种意识的退却，不仅毁坏了艺术本身，也导致一种无效的衡量方式，否则他们完全可以在艺术作品中呈现出养育了他们的民族特征；否则可能看起来更古怪，一个国家以其价值体系和信仰如此与众不同，比如英国，也应该承认他们的建筑运用了各种表象、隐匿和欺瞒，比其他领域更甚，比过去更甚。

这些艺术被人不假思索地接受了，但却以艺术实践致命的效果为代价。如果没有其他原因导致这种失败——如今这种失败呈现在所有重大的建筑实践当中——这种小小的不诚实已经足够承担这一切了。放弃不真实，是通向伟大艺术的第一步，但不是最小的一步；说它是第一步，因为以我们的力量来说显然可以做到。我们可能无法驾驭优秀、美丽和独特的建筑；但我们可以营造一座诚实的建筑物：人们可能原谅其贫乏，可能尊崇其严谨；但总比只有恶劣的欺骗要好吧？

六、建筑手法上的欺骗主要包括以下三种方式：

其一，假装使用某种结构或构筑体系，但与真实的结构相背离；比如晚期哥特的锤式屋架天花。（图 2-1）

其二，将建筑表皮描画成其他材料，掩盖真实的建筑材料（如木头拼出大理石纹），或者欺骗性地堆砌许多雕饰。

其三，使用铸模或机械铸造的装配形装饰件。

宽泛地说，建筑应恰如其分地得体，以至于所有虚假的权宜手法都应避免。然而，这些权宜手法有一定的程度，由于它们经常使用，或由于其他原因，失去了欺骗的本质从而能被接受；比如，鎏金在建筑上不算欺骗，因为人们绝不会认为建筑是纯金的；而使用宝石则成为欺骗，因为人们可能认为建筑整体由宝石制成，造成整体上的误解。这样，在对真实原则的严格执行中，生发出许多感知上的例外和细微差异；让我

图 2-1　牛津神学院礼堂内景，典型的锤式屋架体系

图 2-2　荷兰黄金时代画家皮尔特·萨恩列丹的《乌得勒支的博尔科克教堂》，反映了哥特教堂束柱与拱肋的典型关系

们简略探讨如下。

七、其一，结构欺骗。[2] 我把这一点局限为故意呈现一种虚假的支撑模式，而不表现真实支撑结构。建筑师并不是必须呈现结构；如果他确实隐藏了结构，我们也无法怪罪于他，就像我们不会对人的外表隐藏了人体解剖结构感到多少遗憾；然而，建筑通常应是最高贵的，一双智慧的眼睛能够发现其结构上的伟大秘密，如同发现动物的构造，尽管在另一个粗心的观察者眼中，这些都隐藏得很深。在哥特教堂的拱顶上，把力传递到肋架上是真实的，而主肋架间的细小肋架仅为装饰。聪明的观察者第一次见到这样的屋顶就能发现这一结构上的妙处；同样，精美的花窗如果能体现和遵循主要传力方向，更能使观察者感到震撼。然而，如果肋架间的小肋架使用木头而不是石料，并且刷成白色使其看来和周遭一致，这就将是赤裸裸的欺骗，且不可原谅。

当然哥特建筑中不可避免地存在着某些必要的欺骗手法，这与结构的着力点无关，而与结构形式有关。束柱和肋架与树干和树枝在外表上的相似性（图 2-2），已经成为一种迷惑人的基础，使观看者自然认为这是相应的内部结构的全貌；也就是说，使人误以为从根部长出枝杈的纤细而连续的力量，以及顶部灵活的交织，足以支撑分叉的部分。人们很难接受这样的事实：屋顶巨大的重量是由这些纤细的互相交织的线条所承受的，看起来仿佛有局部坍塌或者开裂，或者可能向外推移的趋势；而柱子更是如此，如果没有其他辅助支撑或由外部的飞扶壁支撑，它们对于屋顶的重量来说太过纤细，比如博韦主教堂（图 2-3）的后殿，以及其他类似的更为大胆的哥特建筑。现在，我们面临一个很好的关于诚实的问题，如果我们不进行如下思考我们几乎无法解决此问题：当人的意识接收到的信息超越了有关事实真相的错误可能性，那么用一种相反的印象去影响它，无论这种印象多模糊，都并非不真实，相反它具有一种服从于想象力的正当性。例如，我们凝视云朵时所得到的巨大

图 2-3　博韦主教堂内景，柱身细高

快乐主要缘于云的宏大、明亮、温暖和山峦起伏般的形态；我们观看天空时获得的乐趣常常在于我们认为它是一个蓝色的穹庐。但是，如果我们对两者选择另一种印象，我们完全可能得到相反的感受；云可能看成一团潮湿的雾气或飘洒的雪花；天空可以是黯淡无光的深渊。因此，当我们从相反的印象中获得感官的快乐时，我们不在乎真实与否。同样，只要我们能看见石块和接缝，并且看到的任何建筑部件的受力点都是真实的，我们更有可能赞赏而非遗憾，这种精致的构筑促使我们感受到仿佛有纤维在束柱之间生长，有生命在枝杈间传递。即使外部扶壁的支撑不为人所知，而纤细的柱子看起来不那么不足以胜任其支撑之重，那也并无不妥。屋顶的重量是观看者通常毫无感觉的，因此，它的法则的必要性或改良成了观看者无法获知的情状。当承重情况通常不为人所知，那么将其真实情况隐藏起来也就并非欺骗了，只是让人以为真实的承重情况就是如此。因为束柱实际上的确承受了它们被人认为承受的重量，出于真实的原则，没有必要再展示任何附加支撑系统，这比用人体雕塑或其他本身无法被感知的机械方式要高明得多。

但是当人们真的了解重量的存在时，真实状况和感觉就要求将承重的情况展现出来。没有什么比故意表现支撑不足的情况更糟，无论由品位或真实原则来判断——比如悬浮在空中，以及其他戏法与虚像。[3]

八、当我们把结构隐藏的手段归为一种欺骗性的手法之后——这种手法应该受到更多批评——我们应当明白，设置一个构件就必须明确其职责，或明确其没有职责。最通常的例子可以在晚期哥特的飞扶壁形式中找到。当然，使用这一构件是为表现当建筑平面需要支撑的体量分成几个组时，柱子与柱子间力的传递；最常见的此类必要支撑是礼拜堂或

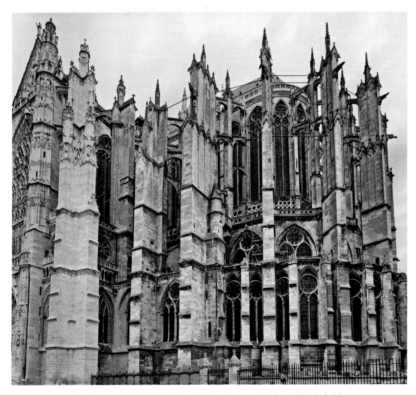

图 2-4 博韦主教堂歌坛外部，由巨大飞扶壁支撑

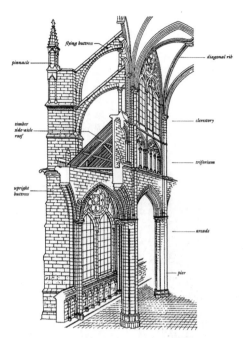

图 2-5　典型哥特教堂侧廊与中殿之间的飞扶壁支撑图解

侧廊位于教堂中殿或歌坛墙壁与其支柱中间的部分（图 2-4、2-5）。自然、正当和美观的排布应该是用石头制成的陡坡柱，由拱支撑，拱肩的最远端处在最低处，渐渐消失在外柱的竖向构造上；柱子当然不是方形的，更像是一片墙以正确的角度支撑墙体，如有需要，还可以在上面加一个小尖塔以增加其自重。这样的一套体系在博韦主教堂歌坛上得到精妙体现。在更晚期的哥特，尖塔逐渐演变成装饰性构件，仅为了美观的目的到处使用。我并不反对这一点，为了塔本身的美观而建造尖塔并无可厚非；不仅如此，扶壁本身也成了一种装饰构件；并且首先用于不需要扶壁的地方，其次用于某种不需要扶壁的形式上，仅仅成为一种连接，不在柱与墙之间，而在墙和装饰性尖顶的塔顶之间，这样就把它自身附着在无法抵抗自身侧推力的点上——如果有侧推力的话。这种耸人听闻的野蛮做法就我所记得最典型的是鲁昂的圣旺教堂（图 2-6）

图 2-6　鲁昂的圣旺教堂

（尽管这种做法出现在部分荷兰尖塔上），这种壁柱式的扶壁，带有葱型拱，看来能承担的侧推力好似柳树条一般细弱；而尖塔，巨大而装饰华丽，实际上全无用处，只是树立在中央塔楼周围，像四个笨拙的仆从，它们的确也是——纹章学意义上的支撑者，中央塔楼仅仅成了一个空的皇冠，比一个轻飘飘的竹篮更不需要扶壁的支撑。实际上，我不知道还有比加诸天窗小塔上的藻饰更奇怪和不明智的了；它是欧洲哥特建筑最糟糕的构件；火焰式花窗是这种构件走到穷途末路时呈现的最低俗的形式（附录五）；它的整个平面和装饰组装在一起，比忏悔仪式上的焦糖装饰所承载的可信度多不了多少。这里已经几乎没有早期哥特建筑的任何高贵宁静的建造方式——早期哥特的建造方式并未不会随着岁月流逝被削蚀成骨架，有时它们的线条的确遵循原生形态的结构，得到了一种去除了肉质之后的树叶脉络般的美观；但在晚期哥特，建构通常被扭曲而不是被消减，仅剩下对之前建构的病态呈现和戏仿；它们之于真正的建筑，就好比希腊人的鬼魂之于全副武装而有生命的骨架（附录六）；而穿过其扭曲杆件的风之于古时墙体的和谐乐音，就好比凡人的嗓音之于灵魂的呼唤。

九、或许这个时代最值得警醒的此类腐朽建筑最丰富的来源是那些"形式让人质疑"的建筑，此类建筑无法使用恰当的法则和限制——我指的是铸铁的使用。对建筑艺术的定义，正如我在第一章中所给出的，是独立于其材料之外的。然而，这种艺术一直到19世纪之初为止，始终被普遍认为适用于黏土、石材或者木头；它已经造就的比例感和结构体系是基于对这些自然材料的使用——所有的比例感和大部分的结构体系；因此，完全或主要使用金属框架将造成一种对建筑艺术首要原则的背离。① 简要来说，无法解释为什么铸铁不能像木头那样使用；时代或许已经到了需要发展一套新的建筑法则体系、完全适用于金属建构的时候。但是我仍相信，至今为止的[4]所有认同和联想仍将建筑限制在非金属建构的范围内；这并不是没有原因的。因为建筑以其完美性成为最早出现的艺术——正如它以自身元素必然成为第一艺术一样——即使在任何野蛮国家，它必然在科学能够获得和熟练运用钢铁之前出现。因此建筑学最原初的经验和法则必须仰赖于材料在量上的可得性，这些材料需取自地球表面；必然是黏土、木材或石头：我想大众应该普遍认同建筑最重要的尊严感在于它的历史感，而且由于历史感部分依赖于风格的一致性，也许人们更希望维持原初使用的材料和准则，即使在科技更先进的时代。

十、无论我是否有权这样说，但事实是，每一种我们现在司空见惯的尺度、比例、装饰或建造有关的理念，都取决于对材料的预先判定：

---

① 作者的这个观点应该放在当时的时代背景和技术条件下来看待。——译者注

我感觉到我无法逃离这种意见的影响，也相信我的读者同样如此，或许能允许我假定真实原则不允许铸铁成为建筑材料（附录七）——因此诸如鲁昂大教堂的铸铁塔尖，我们火车站的铸铁屋顶和柱子，以及某些教堂，这些都完全不能称为建筑。然而很明显，金属或许可以——有时是必须——一定程度地参与建造过程，比如木建筑中使用钉子；因此，金属的正当用途应该是石砌建构中的铆接和连接；我们也不能否认哥特建筑中的支柱型雕像、尖塔、花窗上铸铁栏杆的作用；如果我们认可这一点，我们就应当准许布鲁内莱斯基设计用铁链来环绕佛罗伦萨圣母百花大教堂的拱顶 ①（图 2-7），或萨里斯伯利大教堂的建造者（附录八）使用华丽的铸铁构建来紧固中央尖塔（图 2-8）。然而，如果我们不想陷入老生常谈的诡辩或陈年旧论，我们必须找到一条法则来确定使用金属

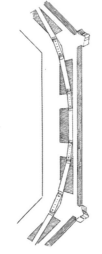

佛罗伦萨大教堂穹顶内部
铁箍连接示意

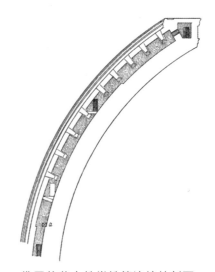

佛罗伦萨大教堂铁箍连接处剖面

图 2-7

---

① 佛罗伦萨圣母百花大教堂的拱顶为文艺复兴建筑最富有代表性的案例，主持建筑师布鲁内莱斯基使用了开创性的鱼刺式构造方式，用内部横向石砌和环绕的铁链结合，解决八角形拱的支撑问题，四道铁链呈环箍形与内层拱顶嵌合，利用八个角部承担压力。——译者注

图 2-8　萨里斯伯利大教堂的铸铁尖塔

的限度在何处。我认为这条法则大约可以是：金属能用作连接，但不能用作结构支撑。因为其他连接方式通常太坚硬，石头可能碎裂而不是分块，墙变成毫无生气的形体，因而失去建筑的特征；当一个国家已获得铁艺的技术知识与实践经验，没有理由为什么不使用金属杆件和铆钉来连接，它们能达到同样强度和韧度，甚至更佳，无论如何也不会在建造完成之前就引起从建筑形体和结构的分离；金属杆件用于墙体或外立面，用于立桩或拉索，这不会有任何区别，除了在美观方面；因此金属显然总是可以使用在金属连接相当于水泥强度之处；例如，如果塔尖或窗棂有铁条支撑或维系，显然铁杆件此处仅用来防止石块由于侧力而分解，相当于坚硬的水泥所能起到的效果。但是当铁杆件最小程度代替石材，作为抵抗倒塌的支撑，承受上方的重量，或者如果以它自身的重量作为平衡构件，因此取代尖塔或扶壁抵抗侧推力的作用，或如果以杆件或桁架的形式，用来替代木梁的作用，只要这类金属构件继续使用，建筑便会立刻失去其真实性。[5]

十一、这样确定下来的限度是终极的，在所有事物中我们都应谨慎对待法则的终极限度；因此，尽管金属在其限度内的使用不能视为破坏建筑的存在与本质，过度和过频地使用依然会贬损建筑的尊严，影响其真实（尤其是对我们正在阐述的这一点来说）。尽管观看者无法知晓使用的混凝土的量与强度，他依然将宽泛地感知建筑物的石块是分块垒砌的；他对建筑所使用的技术的认知主要是来自他对该条件的假定，并基于随之而来的建造难度；这样一来建筑就更有尊严，且有一种趋势使建筑形式更威严和科学，仅仅如此使用石材和砂浆，尽可能展示重量和强度，有时宁可放弃一点优雅，适当展示弱点，也比强调一部分而隐藏另一部分，并陷入不真实的边缘要好。

当然，在设计某种精致而细巧，部分饰面非常精致的建筑物上，人们倾向于认为应该容许使用金属；当它的完整性和安全性某种程度依赖于金属的使用，让我们不要指责这种使用；对此我们只能尽量使用好的砂浆和砖砌；不过分依赖粗糙的铁艺；因为建筑这一行当有如酿酒，人由于人性的软弱而饮用它，却并非由于营养价值而饮用它。

十二、而且，为了避免这一自由的过度使用，最好认真研究何处可以由燕尾榫（图 2-9）来实现，何处又应该用不同石块的结合来实现；因为，当任何一门艺术有必要使用砂浆，就确实应该在考虑金属之前使用，它既安全又诚实。我觉得没有人会反对应建筑师的要求调整石块的形状；尽管人们可能不愿看到建筑组装在一起如中国迷宫，人们也会愿意探究这种不当做法的困难之处；这些连接做法也不是必须始终展示的，这样观看者就可以理解有一种必要的辅助，并且理解没有主要的石块出现在力学上不可能的地方，尽管时不时在不起眼之处出现孔洞，这种做法仍能将人们的眼光吸引到砌块处，使其显得有趣，同时使人愉快地感觉到建筑师拥有的巫师般的力量。普拉托大教堂侧门的过梁上就有

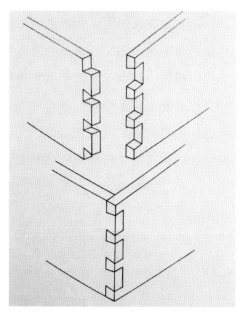

图 2-9　燕尾榫接合示意图

这样一个精彩的例子（铜版插图四，图示 4）：看似分开的石块，交替出现为大理石与蛇纹石，直到人们看见它们下方的十字交叉切割处方能理解如何实现。每个石块显然都如铜版插图四的图示 5 中所示的那样。

十三、最后，在结束结构欺骗这一主题之前，我想提醒那些认为我不必要地缩窄了他们所从事的这门艺术的范围的人，最高超的艺术与智慧首先应优雅地遵从，其次应深思熟虑地由天意指引而具有一定的限制。没有什么比神意更具示范性的了，由于它是所有其他原则的核心。神圣的智慧很有可能显示在万物竞争时遭遇并对抗困难的过程中，这种困难是被万能的神所允许的：注意，这些困难存在于自然法则律条之中，可能很多次以数不清的方式由于显而易见的优点而违背该法则，但它们从未因为要实现特定的目的而违背该法则，无论它们必须遵守代价多高的安排和适应。与我们目前主题最相反的例子是动物的骨骼结构。我相信没有理由可以解释为什么高一等的动物没有被造成像滴虫那样能够由燧石 ① 构成，而不是用磷酸钙，或者更自然的——碳基；这样就能立刻构成坚硬无比的骨骼。大象或犀牛，如果它们那粗大的骨骼是由钻石构成的，可能比蚱蜢还要轻捷灵巧；所有其他的动物可能比任何在地球上行走的生物更庞大。在另一个世界里我们可能看到这样的生物：由所有元素构成的生物，这些元素趋于无限。但是现在上帝的旨意决定为这个世界上的生物所匹配的建筑确定为大理石建筑，而不是燧石或硬石的建筑。人们竭尽所能来确保在这个最终极的限制范围内所能达到的坚固和尺度。鱼龙 ② 的下巴是分块连接的，大地懒 ③ 的腿有一英尺厚，磨

---

① 燧石为硅质岩石，性质坚硬，破碎后产生锋利的断口，可用来打击切割其他石块。——译者注
② 鱼龙是一种类似鱼和海豚的大型海栖爬行动物，生活于中生代大多数时期，约 9000 万年前消失。——译者注
③ 地懒，古贫齿目动物，约在 12000 年前冰河期结束时灭绝。身长可达五六米长、体型达三四吨重。——译者注

齿兽 ① 的头有双层头骨；如果我们以人类的智慧，会确定无疑地给蜥蜴一个钢的下巴，给磨齿兽一个铸铁头骨，而忘却那宏大的法则：所有的生物都必须见证这一原则——秩序和系统比力量更高贵。即使看来有些奇怪，但是上帝以他自身的形象向我们展示的不仅有权威的完美性，而且有服从的完美性 —— 对其自身法则的服从：在他所创造的最笨重生物的笨拙运动中，甚至在上帝神圣的本质中，我们领悟到了人类最正直品德的特征："他发了誓，虽然自己吃亏，也不更改。"②

十四、其二，建筑表面的欺骗。这一点可以宽泛地定义为引入某种其实并不存在的材料形式；常见的有在木头表面画上大理石的纹理，或者装饰画伪装成浮雕，等等。但我们必须了解这样做的坏处在于欺骗的企图，由此我们需要界定欺骗的范围。

因此，举例来说，米兰大教堂的穹顶看上去似乎覆盖着精雕细琢的扇形花窗（图 2-10），其实却是强行画出来的，以它遥远而深邃的位置，对粗心的观看者施以欺骗。这当然是严重的等而下之，它损害了建筑的尊严，甚至殃及了该建筑的其他部分，对此应给予最严厉的指责。

西斯廷教堂的天花则更称得上是建筑设计，混合着壁画人物形象，它的效果增添了其庄严感。

这其中有什么显著的特点？

其中主要有两点：首先，建筑与人物形象如此紧密联系，如此宏大地伴随着它们的形式，并投下阴影，两者顿时给人以杰作之感；由于人物形象必然是画出来，建筑也被理解为是如此。这里没有欺骗。

其二，像米开朗琪罗这样的巨匠总是会在他的设计中的次要部分稍微减几分力气，比起导致主要人物形象栩栩如生所用的力要少；听起来

---

① 墨西哥及美国已灭绝的一属地懒。其皮肤下有真皮小骨，起保护作用。——译者注
② 出自《旧约·诗篇》，15：4："他眼中藐视匪类，却尊重那敬畏耶和华的人。他发了誓，虽然自己吃亏，也不更改。"——译者注

图 2-10　米兰大教堂天花纹饰

奇怪，但他绝不会画得糟糕到欺骗的程度。

　　但是尽管我们看到对与错如此对立的作品，既有糟糕如米兰大教堂的穹顶，又有高贵如西斯廷教堂的穹顶，也有作品既不伟大也不糟糕，其中正确的定义如此模糊，需要花些力气才能确定；然而，我们最应关心的是我们如何准确运用我们所确立的这个广泛原则，没有任何形式或材料应该以欺骗的形式呈现。

　　十五、显然我们必须承认，绘画绝非欺骗；它不会假装成为其他材料。无论是画在木头上或石头上，或以最自然的方式——画在布上，都不会影响其本质。无论画在什么材质上，好的绘画都使这种材质更珍贵；它也不会形成欺骗，因为绘画的基底材质并不向我们传达任何信息。因此，用灰泥覆盖石头，在这层灰泥上画壁画，是非常正当的；作为一种受人欢迎的装饰方式，在伟大的时期始终存在着。维罗纳和威尼斯现在已失落了它们昔日荣光的大半；这主要归咎于湿壁画而非大理石。在此处，灰泥可以用作木板或帆布的石膏打底剂。但如果以混凝土覆盖石块，再将这层混凝土进行表面分割使其看上去像石块，则是虚假的；这一手法遭人鄙夷，而反之则十分庄严。

既然绘画是正当的，是否什么都可以画呢？只要绘画所允许的范围，答案为 —— 是；但如果失去了绘画的感觉，哪怕是最轻微的程度，或者所绘制的东西伪装成真实，那么答案为——否。让我们来举一些例子。在比萨的公墓 ①，每一幅壁画周围的边框上都绘以相当优雅的平面彩色图案，丝毫不欲伪装成浮雕。因此我们能够确定建筑表面是平的，所绘的形象也没有欺骗，即使是真实大小的尺度；艺术家们得以自由地在画中充分展现全部力量，引领我们穿过田野和树林，以及纵深处的悦目风景，用远处天空的甜美纯净抚慰我们，然而丝毫没有失去他最主要的建筑装饰目的的严肃性。

在帕尔马圣路德维克壁画堂里的科雷乔 ② 的天顶画中 ③（图 2-11），网格状的藤蔓枝在墙上投下影子，仿佛真实的凉棚；成群的孩童，簇拥在椭圆形开口处，色彩明媚，晕染在光亮中，人们仿佛觉得他们可以随时从画中走出来，或者躲进密林之中。他们态度的优雅，整部作品最明显的伟大之处就是显示了他们都是画就的，很少会有人把它看成为虚假之物；但即使作如此评价，它依然不值得被列入高贵和真实的建筑装饰之中。

---

① Campo Santo at Pisa，是在比萨大教堂旁边的长方形建筑，是比萨城重要人物的陵园，外墙是白色的大理石墙面，中间为美丽的庭院。始建于 1277 年，园内有 600 多个雕有浮雕的墓碑和石棺，回廊中装饰有精美壁画。——译者注
② Antonio Allegri da Correggio（1489—1534），意大利文艺复兴期间帕尔马学派最重要的画家，创作了 16 世纪最富激情和感性的一些作品。他以富有动感和透视幻觉的构图，以及戏剧性的短缩法，成为 18 世纪洛可可艺术的先驱。——译者注
③ 该壁画堂是圣路德维克修道院的一部分，留存了很多其他教堂运来的湿壁画和石雕。尤其著名的是科雷乔的天顶画，绘有许多生动可爱的小天使。——译者注

图 2-11　圣路德维克壁画堂天顶画

帕尔马大教堂的穹顶①，同一位画家以十分欺骗的手法表现了圣母升天，他制作了一个大约 30 英尺直径的穹顶，仿佛第七重天堂那云雾缭绕的开口，周围拥满了天使（图 2-12）。这有没有错？并无大错：因为这个主题本身即杜绝了欺骗的可能性。我们可能把前面所说的画出来的藤蔓误认为真实的藤蔓架，把画出来的孩童当作我们幻觉中的形象；但我们知道这凝固不动的云彩和天使定是人的手笔；让画家表现出最大的力量吧，我们十分欢迎；他能迷惑我们，但不能欺骗我们。

因此我们可能把这一法则用于最高之处，也用于日常生活中的艺术，要永远记住大画家这样做能被原谅而普通的装饰工匠则大多受人诟病；尤其因为前者，即使在欺骗的部分，不会过分地欺骗我们；正如同

① 同样由科雷乔以高度幻象式的手法描绘了模仿天堂入口的景象。——译者注

图 2-12　帕尔马大教堂穹顶

我们在卡拉瓦乔 ① 的画中所看到的；而一个糟糕的画家可能会把同样的
题材画成庸常生活场景。然而，在室内、别墅或花园的装饰中有某些适
度许可的欺骗，如小巷或拱廊末端画成的风景，天花做成天空状，或者
建筑墙体上绘制的具有延伸感的画面，这些有时赋予了一种为闲散生活
而设的奢侈和愉悦，只要当作玩物来看待，足以体会其天真。

---

①　Michelangelo Merisi da Caravaggio（1571—1610），1593 年到 1610 年间活跃于罗马、
那不勒斯、马耳他和西西里，通常被认为属于巴洛克画派。卡拉瓦乔真正确立了明暗对
照画技法，兼具近乎物理上精确的观察和生动，甚至充满戏剧性。这种画法加深阴暗部
分，而用一束炫目的光刺穿对象。——译者注

十六、至于材料的虚假表现，问题就更简单了，其法则使用范围更广；所有此类模仿都是俗不可耐的。想一想用大理石装饰伦敦的店面所花的时间和金钱，还有那些我们在毫无意义的虚荣之物上所浪费的资源，而从没有人会瞥上一眼时（除非是痛苦地），那些对舒适和清洁，或者甚至对商业艺术的最大目标——吸引眼球毫无帮助的拙劣装饰，这些无不令人痛苦。但如果我们在高一层次的建筑上也看到这些浮夸小技时，就更应该谴责了！我在本书中确立的原则是不谴责特定的例子；但依然请允许我表达对大英博物馆那高贵的入口和宏伟的建筑的仰慕，但同时也允许我对那同样高贵的花岗岩台阶基础不得不在梯段平台处进行模仿表示遗憾——更糟糕的是它居然成功得让人可以忍受。它唯一的效果是在下面真正的石头上，在之后相遇的每一片花岗岩上形成迷惑。这样一来，人们甚至会怀疑曼侬神像本身的真实性。但即使是这个例子，无论它对周围高贵的建筑形成怎样的损害，甚至这个台阶本身的不妥当，也不如那些廉价的现代教堂给我们带来的痛苦更大，我们不得不忍受树立在祭坛框架中的墙面装饰画，三角楣上涂抹着斑驳杂色，再用同样的手法描画可能出现在长椅上方的伪装的柱子骨架和漫画像：这已经不仅仅是坏品位了；把这些虚荣的阴影甚至带入神圣的祈祷场所，这决不是无关紧要或能够借口推脱的错误。人出于直觉会要求教堂家具简洁而不伪饰，既不虚幻也不俗丽。以我们的力量可能无法使其变得美丽，但至少使其纯净；如果我们不允许建筑师的某些做法，那就坚决不允许。如果我们任由家具装饰商进行布置，如果我们坚持粉刷坚硬的木头和石头，如果我们这样做只是为了看似整洁（因为粉刷在神圣场所中运用得如此之多以致它自身也拥有了一种神圣感），那的确是一种糟糕的设计，它极端让人厌恶。在那些以极其简陋的条件建造的朴素的乡村教堂里，我无法回忆起任何一种对虚假的神圣特征的追求，或任何贴上标签的令人痛苦的丑陋，在那里石头或木头就这样赤裸裸地直接使用，窗户用白玻璃简单做成。但（在拙劣装饰的教堂里）那些光滑粉刷过的墙壁，通风口也要进行装饰的平屋顶，装了栏杆的窗子（边框还发了黄），无光泽的方块玻璃，鎏金或镀铜的木器，漆过的铁器，破旧的窗帘和椅垫，还有座位头枕，祭坛栏杆，伯明翰金属烛台①，最后，泛着黄绿色的假大理石——伪饰了一切，看看这些吧，是谁喜欢这些东西？谁在捍卫它们？我从未遇见过真正喜欢这些东西的人，尽管很多人认为这些无关紧要。或许对宗教来说无关紧要（尽管我不得不相信对很多人来说，正如对我自己，这些东西对人们心灵的宁静平和来说是巨大的障碍，使人们无法继续进行祈祷仪式），但对于我们判断和感觉的总体调子来说——是的。当我们任由最庄严的仪式被虚假不得体的风气所玩弄（我们就无法察觉和责备低俗和伪装），我们就只能忍受与我们崇拜的事物联系起来的虚伪物质形式——即便不是喜爱。

　　十七、然而，绘画不仅仅是把材料隐藏起来的形式，更有可能是模仿；因为仅仅是隐藏，如我们前面所说，并无可归咎。如粉刷，尽管经常被遗憾地认为是一种隐藏（但不总是），不应责备为虚假。它显示了自身的具象，但并不企图改变它覆盖下的东西。鎏金，以它使用的频繁度，也同样无辜。我们能理解它所覆盖的物体，而它只是一层表面薄膜，因此它就允许任何程度的使用，我认为它也并非权宜之计：但它的确是我们所有的庄严之物中最被滥用的，我非常怀疑它对我们有何用处，是否能平衡在司空见惯和不断怀疑之间失落的快乐——我们常常误以为一切都是纯金的。我以为纯金应是罕见之物，应当受到珍惜；我也希望真实应当为首要原则，只有纯金才能显露其光芒，只要不是纯金就不该镀金。然而，大自然本身并不嫌弃这样的相似，而是无差别地照亮两者；我对古老和神圣的艺术有太大的热爱，从而不能把它们与闪光的表面或神圣

---

① 伯明翰为世界最大的金属加工地区，包括黑色冶金和有色冶金。——译者注

的光晕区分开来；只是闪亮的事物应该带着尊重使用，以表达宏大或圣洁，不应使用过分虚荣的装饰或表现神迹的绘画。然而，在设计神圣场所的权宜之计中，没有比色彩的使用更突出的了，在这里也许不是恰当的阐述时机——我们现在只试图确定什么是正确合理，而不是什么受人欢迎。对于其他不那么常用的伪饰表面，如青金石粉末，或马赛克模仿彩石，我不再作过多阐述。这个法则将适用于所有相似的事物，即，任何伪装都是错误；经常强行实施的还有泛滥的丑陋和表现的不足，比如最近以翻新的名义，威尼斯近半房屋的外表面都被损害了，砖先是被粉刷，再画上锯齿形的纹理模仿雪花石膏。但是还有一种建筑虚像，在伟大时期始终在使用，需要给予尊重的评价——那就是用珍贵的石材装饰砖墙的表面。

十八、众所周知，我们所说的大理石建造的教堂，在几乎所有案例中，都只是大理石饰面贴在粗砖墙上，利用砖的凹凸产生附着力；看起来是大块的石头，其实只不过是外表贴面罢了。

那么很明显在这个例子中，真实的问题与上述镀金问题一致。如果能够清楚理解大理石贴面并不伪装成或暗示成一整面大理石墙，这就并无坏处；因为同样明显，当使用十分珍贵的石材，如绿玉或蛇纹石，不仅仅是奢侈虚荣地增加成本，而且有时的确不可能获得大块的此类石材用以建造，资源稀少所以只能做成贴面；这种做法在持久性方面也无可指责，这类建筑凭经验来说可以建造得持久而又状况良好，和石材无异。因此，此种做法可被看作大型的马赛克作品，基底可以是砖砌的，或任何其他材料；当需要使用宝贵的石材时，这一形式应该被彻底理解，并经常使用。然而，正如我们认为柱子的柱身的意义远高于仅仅作为一个形体 ①，正如我们对物质价值的投入没有遗憾，比如金银，玛瑙或象牙；如果这些墙体是以高贵的物质构成的，我认为应当给予它们更

---

① 古希腊与古罗马建筑的柱式是建筑最重要的特征，包含丰富的文化、宗教和精神象征。——译者注

高的评价；如果正当地衡量我们正在探讨的两个原则的要求，——献祭
与真实——我们应该宁可弃用外部装饰，也不能消除建构的物质内涵和
一致性；我相信优秀的设计以及更深思熟虑的手法，如果不过分藻饰，
的确可以允许装饰，只要我们对物质的纯粹性有所认识。这一点确实值
得我们牢记，它关系到我们过去所提到的要点；虽然我们已经探讨了真
实容许的限度，我们还没有明确什么是拒绝妥协的最高真实。因此，使
用外部色彩就是真实的，并无虚假而更美丽，而且在任何需要加以丰富
的表面绘制图像和纹理都是合理的。但同样，此类手法本质上并非建筑
语言；尽管我们不能认为过度使用会产生实际的危险——只要看看它们
如此经常和大量地使用在最高贵的艺术中；然而它们也将建筑分成两
类，一种比另一种持续时间要短，会随着时间的推移渐渐消逝，除非它
自身品质高贵，否则会使它装饰的表面暴露出原始的材质。真正持久的
高贵才能称为真正的建筑；只有确保了这一点，才能引入绘画这一从属
的力量，以获得即时的愉悦；直到更加稳固的手法全被用尽之前，绘画
都不应实施。建筑真正的色彩应当是石头的本色，我非常希望看到这一
点被所有建筑使用——天然石材拥有每一种色泽的变化，从浅黄色到紫
色，从橘色、红色、棕色过渡而来，可以完全符合我们的要求；几乎每
一种绿色和灰色都可获得；有了这些，再加上纯白色，有什么样的和谐
感我们无法造就？使用有斑点和色彩渐变的石材，品种无限丰富；需要
亮色的地方，就用玻璃，以及玻璃镶嵌的金制品，做成马赛克——这样
一种和石头一样长久的建筑，不会随着岁月流逝失去其光彩——让画家
的作品摆放在有遮阴的长廊和室内吧。这才是真实与忠诚的建筑方式；
只有当无法使用真实材料时，外部色彩的使用才不显低劣；但是它必须
在警惕三思后使用，在未来时代，这样的辅助手段不得不成为过去，那
时建筑将以其无生命性来评判，有如海豚之死。最好使用不那么光亮，
但更持久的构造。当我们各座大教堂的光辉消逝如隐现云中的鸢尾，当

那些曾经在希腊海岬上闪耀着湛蓝炫紫的圣堂如今洗净铅华，苍白如落日沉寂后留下的冰冷的雪；圣明尼亚托教堂的透明雪花石膏，或者圣马可大教堂的马赛克砖，却被昼夜日光的流转映照得更温暖，打造得更明亮。

十九、我们必须强烈反对的最后一种形式的谬误，是用铸造或机械来代替手工匠作，通常可以表达为操作层面的欺骗。

有两个理由来反对这种做法，两者都很有力：其一，所有的铸造与机械制造作为建筑作品来说都是糟糕的；其二，它不诚实。我将另外指出它的缺点，很显然，当其他手段不可行时，并无有效的理由反对其使用。然而它的不诚实对我来说是最严重的，我有充分的理由来确定我们应当无条件地弃用它。

装饰，正如我先前常常观察的，有两个截然不同的符合人性的来源：其一，它自身的抽象美。我们暂且假设以手工打造和以机器打造是等同的；其二，人们能感受到这件作品饱含的人类劳动和心血。后者的影响是多么重大，只要想想，从石头裂缝[6]中长出的任何一丛自然界的草叶，在各方面都有着均衡的美，其中一些甚至远远超出石头装饰件的精雕细刻；我们感受到石雕的草叶的丰富性，即使真正的草叶细节比它丰富十倍；我们感受到石雕的精致，即使真正的草叶细节比它精致千倍；感受到石雕的高贵，即使它看来毫不高贵；我们对人工雕刻所有的兴趣，是因为我们想到这些雕刻来自卑微的工匠的辛苦劳作。它真正的愉悦在于我们从中看到人的思维、意识和各种尝试的痕迹，也看到失败的印记和成功修复的快乐；用一双经验丰富的眼睛就可发现这些蛛丝马迹；但是即使这双眼睛再不敏锐，也能预测或理解这一切；这番劳作很有价值[7]，不逊于其他一切珍贵事物的价值；一颗钻石的珍贵在于我们理解采挖发掘钻石所花费的时间之巨；装饰的珍贵在于雕镂镌刻所花费的时间；它拥有一种本质内涵的价值，是钻石所没有的（因为钻石

并无真正的美，只好像一块玻璃）；但我现在不探讨这个问题；我把这
两者放在同一水平；我假设手工制造的装饰再也无法与机器加工区分，
就像钻石无法与胶泥区分一样；不，后者有可能一时欺骗泥瓦匠的眼
睛，如钻石欺骗珠宝匠的眼睛；只有最近距离的验视才能发现。然而正
如一个女人在情感上无法接受人造珠宝，一个有尊严的工匠也会蔑视虚
假装饰。机械铸造是一个彻头彻尾不能容忍的谎言。使用一种假装有价
值而实际廉价的东西；假装有价格、昂贵但实际不昂贵；它不公正、庸
俗、无礼且罪恶。应该将它摔在地上，把它磨碎成粉，更应该把它破损
的位置留在墙上；不要为它花钱，不与其发生关联，也不需要它。这世
界上没有人需要装饰，但每个人都需要货真价实。所有我们喜爱的正确
的装置，都不值得投以欺骗。就把你的墙面做得简洁纯净，像一块刨光
的板，或者用烘干的泥土和切碎的稻草砌墙，如果有必要的话；但不要
把它们覆上虚假的装饰。

　　这就是我们的基本法则，这条原则比我主张的所有其他原则更重
要；机械铸造的不真实是最糟糕的，因为装饰最不必要的[8]一点就
是展现夸张和非本质；因此，这种谬误也是最糟糕的——然而，虽说这
是我们基本的法则，关于特殊的物质和它们的使用还是有一些例外。

　　二十、比如说砖的使用：由于我们已经知道它本来就是模铸的，那
就没有理由它不能铸成各种形式。从来没人会认为砖墙是雕刻出来的，
也就没有欺骗；砖的信誉是它所应得的。在地势平坦的乡村，远离采
石场的区域，砖砌应该是合理的，并且最成功的是用于装饰，如此精
致，甚至精美。博洛尼亚佩波利广场的砖砌①，韦尔切利市场周围的砖

---

① 　Palazzo Pepoli Vecchio，是博洛尼亚最重要的中世纪家族的故宅，汇集了大量建筑与艺
　　术成就。——译者注

砌，是意大利最丰富的砖砌建筑。[①]同样，面砖和瓷砖，前者十分华丽又成功地使用在法国的住宅建筑上，彩色面砖穿插在交叉木杆件的钻石型的空间中；后者在托斯卡纳受到罗比亚家族[②]的喜爱，用以制作外墙的浅浮雕，虽然我们有时不得不对无用和搭配欠妥的色彩感到遗憾，但绝对不会责怪一种材料——无论它有什么缺憾——它能如此完美地衬托出其他材料的永恒性，并且它的铺贴可能需要比大理石更加复杂的技巧。因为并不是材料的缺陷，而是人类劳动的不足，使事物失去价值；一块陶土板或巴黎石膏，由人类的双手制作，比卡拉拉[③]所有机器刻出来的天然石材都要珍贵。人类过分沉浸在机器制作当中很有可能使手工劳作也具备了机器的特征；我们不妨略微探讨一下活着或者死去的手工艺的区别；我想问，人类自身力量的根基是什么——我们做了什么，我们给予了什么；那么当我们使用石头的时候（由于所有的石头自然都应该是由手工切割的）[9]，我们就不应该用机器切割它；我们也不应把人造石材刻成各种造型，也不应该把灰泥装饰做成石头的颜色，或做成任何可能误认为石头的形式；比如佛罗伦萨旧宫内院的灰泥铸造装饰，给整幢建筑投下了低俗和怀疑的阴影。但是可延展与可融合的材料，比如黏土、铁和铜，由于这些材料通常认为应该是铸造或冲压成型，我们将愉快地凭我们的意愿来使用它们；记住，他们珍贵或不珍贵的程度，和它们身上的手工雕作的比例、或它们的铸造反映手工艺痕迹的程度相适应。我相信我们国家的建筑美感的丧失多半是由于铸铁装饰的过分使用。中世纪常见的铁艺构件简洁而有效，用薄铁皮切割成枝叶装饰，再根据匠人的喜好进行弯扭。没有浮华的装饰，相反它冷寂、笨拙、粗糙，实际上无法像铸铁

---

① Vercelli，意大利北部皮埃蒙特大区韦尔切利省城市，为韦尔切利省省会。该城市大约建于公元前 600 年左右。——译者注
② Robbia family，15 世纪意大利著名的雕刻世家。——译者注
③ 位于意大利中北部阿普亚内山山麓，是著名的大理石产地。——译者注

那样做出精致的线条或阴影；然而就真实原则而言，我们几乎不能对它们提出任何反对意见，由于它们明显是出自手工制作的，并以它们的真实面目存在着——然而我也强烈感觉到没有一个国家的建筑艺术会有前途，如果他们放任粗鄙廉价的替代品取代真正的装饰。这种粗鄙铁艺的无效和无价值，我必须另行讨论；总之，我们目前可以大致得出结论，即使装饰符合真实原则或在原则容许之内，我们在如下的手工艺中也绝对无法得到快乐或骄傲：如果它们伪装成其他材质、甚至是比它们自身更昂贵的材质，或者如果它们与更劣等的材料相结合，从而看起来更加低劣。

我相信以上这三种主要错误有可能会毁掉我们的建筑；然而其他更加微妙的形式，更难以被明确的法则所限定，但或许能用坚定不移的精神来探求。因为正如前文所说，有各种仅仅触及印象和意识层面的欺骗方式，其中有一些确实是出于高贵的目的，比如上文提及的高耸的哥特教堂耳堂的枝状外观；但其中大多数具有魔术和骗术的部分，他们会降低自身的显著风格；它们的风格容易向那些没有创造力的建筑师和浅薄的观察者的喜好靠拢；狭隘浅薄的头脑以夸张过火而沾沾自喜，以华而不实为乐。无论如何，这些微妙的做法，如果伴随着相当成熟的石雕工艺，或者建筑手法的诡计，它们自身可能变成人们仰慕的主题；如果对它们的追求并不会逐渐使我们远离所有对艺术高贵特征的尊重与关怀，不会导致艺术彻底瘫痪或灭绝，这将大有益处。没有办法阻止这一切，除了严肃对待所有灵活和真诚的手法，或者把我们所有的乐趣投入形体和形式的安排中，不再介意这些形体和形式是如何制作出来的，不比一个伟大的画家推敲如何运用笔触投入的精力更多。[10] 这种充满诡计和伪饰的危险例子太多；但是我应当集中于一点进行探讨，我认为正是这一点导致了哥特建筑在欧洲的整体衰落。我指的是交叉线脚体系①，

---

① 指花窗。——译者注

鉴于其极度的重要性，为了大众读者的缘故，下面我们不得不进行详细的阐述。

二十一、首先我不得不提到威利斯教授 ① 在他的《中世纪建筑》第六章中对于石制花窗的解释；自这本书出版之日起我便惊讶地地听说他意欲复兴那种荒谬绝伦的理论，说花窗来自对草叶造型的模仿——我说荒谬至极，因为哪怕对早期哥特投入些微的关注，该理论的支持者就会发现这样一个简单的事实，正是由于哥特建筑的古典特征，它对有机形式的模仿就很少，在早期哥特的一些例子中对有机形式的模仿完全不存在。一个对早期哥特的一系列案例十分熟悉的人绝不会对此问题产生疑虑的阴影，他必然知道花窗的出现来自石制盾型镂空的逐渐增大；这些石制盾型通常由一根中柱支撑，占据了早期的窗头。威利斯教授或许将注意力过于集中在两个次拱上了；我在铜版插图七的图示 2 中给出了一个有趣的例子，是帕多瓦的埃里米塔尼教堂一个高而简洁的三叶饰盾牌的粗糙镂空。但更常见与典型的例子是两个次拱间和主拱之间的空间以各种形式镂空，在一个圆拱下有一个简单的三叶饰；比如卡昂的男子修道院（附录九）（铜版插图三，图示 1）；比例十分完美的四叶饰，如 EU 的三联拱廊和里修大教堂的歌坛；四叶饰，六叶饰和七叶饰，如鲁昂大教堂的十字耳堂（铜版插图三，图示 2）；一个奇怪的三叶形拱，然后上面再有小的四叶饰，如库唐斯大教堂（铜版插图三，图示 3）；随后，对同样造型，点或圆的重复，中间的石头留下粗糙的形状（图示 4，来自鲁昂大教堂正厅，图示 5，巴约小教堂正厅）；最后，把石肋杆做到最细，如博韦主教堂半圆形后殿高侧窗的典型华丽形式（图示 6）。

二十二、现在我们可以看到在这整个发展过程中，工匠的注意力始终集中于镂空的形式上，也即是说，集中在室内所见的光影效果上，而

---

① Robert Willis，活跃于剑桥哲学协会，对哥特建筑有多部研究著作。——译者注

不在镂空之间的石头部分。窗子所有的优雅在于它所透出的光影形状；我已画出了所有这些花窗从室内观看的效果，以显示光影效果是如何处理的；一开始用相距较远的星状，随后逐渐加大、靠近，直到它们的光芒整体笼罩住我们，使整个空间充满了它们所透进的光辉。正是这些星状的间隙，使我们拥有了宏伟、纯净和完美的法国哥特建筑形式；正是在这一瞬间，窗格间的粗糙空间最终被征服，光线终于扩展到最宽广处，而并未失去其光影的整体感和气魄、使人一眼便见其整体，这使我们对所有类似花窗和装饰产生了最精妙的感受，绝不会认为它们有错。我在铜版插图十中给出了一个此类花窗的精美案例，来自鲁昂大教堂北门扶壁处的一块装饰；以便让读者明白什么是真正精美的哥特建筑，它是如何高雅地结合了想象力与原则，同时为了我们这番讨论的目的，读者最好能仔细审视它的剖面和铸造的细节（将在第四章第二十七节进行详述），越仔细越好，因为这个设计属于这样一个时期，哥特建筑精神里最重要的变化都发生在此时，或许它也来自所有艺术形式自然演化的结果。花窗标志着将一个重要法则放在一边而采取另一个法则之间的停顿；这个停顿如此明显，对后世的观察者来说如此清晰易见，就像旅行者从远处眺望一座山脉的最高峰一样明晰。这就是哥特艺术最大的分水岭。在这之前，所有的路都是上坡；在它之后，所有的路都是下坡；两者都包含曲折的路径和坎坷的山坡；两者都被干扰，正如阿尔卑斯山起伏的山脉从主脉中孤立或生出分支，被大山的外露的地层打断，或被山谷倒退或平行的走向所影响。但是人类思维的轨迹能够沿着连续的线追溯到最辉煌的顶峰，然后向下。正如雪山景象——

　　　山势壮阔，耀目及远，

　　繁复曲折引人瞩目，

　　峰脊蜿蜒，时或平滑，

> 忽而上升，忽而下降——
>
> ……使行人沿途而上，又若下坡。①

此刻，在这一点上，到达了几近于天堂的高度，建造者最后一次回望一路走来途经的风景。他们在顶峰的晨光闪耀处转向，下降到一个新的水平面，短暂处在西照阳光的温暖中，但每前进一步都迈入冰冷忧伤的阴影里。

二十三、我所说的这些变化，用几个词就可表达；但更重大的影响却难以言表——那就是用线条替代建筑形体，作为装饰元素。[11]

我们已经看到花窗的开洞和镂空的扩张模式，开始是形式古怪镂空间的石头，逐渐演变成精美的窗花线条；我已经详细表明了工匠在鲁昂大教堂（铜版插图十）花窗线条的比例与装饰上投入的奇特的注意力，这使得它比早期的花窗要繁复得多——这种美和雕琢是异常重要的，它们标志着花窗已经开始引起建筑师的注意。在那个时刻之前，在镂空间石构件的减少和细化趋向最终完美的时刻之前，建筑师的眼睛还仅仅停留在窗洞开口，在透光的星形上。他并不在意石头的形式；一条粗糙的线条边缘对他来说足矣，他只在意镂空的形状。但是当这种造型进行了最终可能的扩展，当石雕工艺变成优雅平行的线条排布时，这种排布，像画出来的某种形式，一直不被察觉地依靠偶然性发展着，仿佛突然不可避免地进入了人们的视野。它之前从未被看见。它以突如其来的独立形式闪现。它成为了这种工艺的特征。建筑师仔细审视它、思考它、将它的构件如我们现在所见的那样进行排布。

---

① 本段出自英国诗人塞缪尔·罗杰斯（Samuel Rogers，1763—1855）的《瑞士：阿尔卑斯》(Switzerland: The Alps)。塞缪尔·罗杰斯的重要性不亚于同时代的威尔士华绥、科勒律芝以及拜伦等人。他是当时伦敦文学及艺术圈重要人物之一，他本人亦是富裕的银行家，常资助其他文学家及艺术家。他也是约翰·罗斯金家中好友。——译者注

现在，这一重要停顿处于这样一个时刻：镂空和居间的石雕得到同样均等的考虑。它持续不超过 50 年。这种形式的花窗在庄严肃穆的美中洋溢着一种纯真的快乐；镂空被扔到一边，永远作为一种装饰元素存在了。我一直瞩目于花窗的这种变化，它的这一特征最为明显。但是这种转变对所有的建筑构件都一样；其重要性几乎无法估量，除非我们不厌其烦地在普遍性方面追溯它，它的图解，即便与我们当前的论题无关，将在第三章展示。我在此处探寻的是有关真实的问题，亦即关于线脚的处理。

二十四、读者可能注意到，直到镂空的最后一次扩展，石雕花窗普遍被视为坚硬而不易变形，实际上也的确如此。它在我先前提到的"停顿阶段"也是如此，那时花窗的形式依然严肃而纯净；确实精致，也完美地坚固。

在这一停顿阶段的结束时，第一个重大的变化有如一阵轻风，吹过纤弱的花窗，使它颤抖。它开始波浪起伏，仿佛被风吹拂的蛛网。它失去了作为石制结构的本质。它减弱为纤细的线条，被认为自身可以拥有柔韧性。建筑师对于他创造出的这种新风尚感到十分高兴，任由自己实施这种形式；不久，花窗的杆件开始如网状交织般呈现在人们眼前。这一变化牺牲了真实的伟大原则；它牺牲了对材质属性的表达；无论它起初发展时多么赏心悦目，它终究是毁灭性的。

请注意延展性的假设和上述柔软结构对树木形式的模仿程度这两者的不同。这种相似性不是刻意寻找的，而是必然的；它来自自然条件下的树枝或树干的力度，以及细小树枝的纤细，而其他多种不可避免的相似是绝对真实的。树的枝条，即使有某种程度的弹性，绝非柔软可塑；它正如它自己本身的形式一样坚固，和石肋条一样；两者都必须服从于某些限制，当超越了这些限度时两者都会断裂；这些树干并不比石柱更易弯曲。但是当花窗被认为应如丝线般顺服；当所有的易碎性、可塑性、材质的重量被眼睛所否认——即使不是明确的；当所有建筑师的艺术都用来否定他最初工作的条件，来否定他最初对材料属性的认定；这就成了一种故意的背叛，只有表现真正的石材，降低各种花窗对石材的不同影响程度，才能挽救赤裸裸的虚假。[12]

二十五、但是后来的建筑师的衰败和病态的品位并不满足于此等程度的欺骗。他们醉心于他们所创造的微妙的魅力，只想着更进一步。下一步是将花窗表现为不仅柔软而且互相交织；当两条线脚交汇，就要处理其穿插关系，使得一条看起来穿过了另一条，保持了其自身的独立；或当两条线脚平行，则要表现其中一条的一部分包含在另一条之中，另一部分明显地搭在另一条之上。这种形式的虚假相当程度地摧毁了这门艺术。柔韧的花窗常常是美丽的，尽管它们并不高雅；但是镂空的花窗，到它们最终发展成的样子，仅仅成了展现石雕工匠灵活技艺的手段，彻底毁灭了哥特形式的美与尊严。要对一个如此至关重要的体系下结论，我们值得再做一些细致的考查。

二十六、在利雪大教堂门口柱子的铜版插图上，在拱肩下方，如铜版插图七，读者会看到处理线脚交错的类似方式，在（哥特）鼎盛时期相当普遍。它们融合在一起，在交叉点或接触点上成为一体；甚至利雪大教堂如此尖锐的交叉通常也被避免［当然这种设计只是较早期诺曼底拱廊尖顶式样的一种，在这种形式里拱顶交织在一起，前者搭接后者，处在后者的下方，比如坎特伯雷的安塞尔姆塔（图2-13）］，因为在大量此类设计中，当线脚相遇时，它们的弧线的相当一部分互相重叠，紧靠在一起，而不是交叉；在重合的部分，两条融合在一起的线脚其实在同一层面上。因此，在福斯卡里宫的窗户的圆形连接上，如铜版插图八；铜版插图四的图示8显示得最为准确，穿过线条的这段线脚，与上面穿过任何端点的独立线脚段落是完全相同的，如图示8的i。然而有时，会发生两条不同的线脚相遇的情况。这一点在哥特鼎盛时期很少被允许，当

图 2-13　坎特伯雷大教堂安塞尔姆塔拱顶交叉示意图

这种情况确实发生时，总是处理得相当古怪。铜版插图四图示 1 给出了
萨里斯伯利教堂山墙和竖向线脚的连接。山墙的线脚由一条凹弧线脚组
成，而竖向线脚由两条凹弧线脚组成，饰以圆球花饰；大的单条线脚吞
噬了双线脚的其中一条，以笨拙粗暴的简洁在小圆花饰中向前推。比较
一下被观察的线脚段落，上部线脚，线条 a 和 b 的确表现了窗户的竖向
特征；但在下部，线条 e 和 d 在窗户上表现了横向特征，由透视线条 d
和 e 指出。

二十七、早期工匠处理此类困难的古怪之处，说明他并不喜欢该体
系，不愿意以这种安排来吸引人的目光。有另一个相当笨拙的例子，在
萨里斯伯利教堂三联拱廊的上部与次拱廊的连接处；但它被留在阴影
里，所有主要的连接是彼此相似的线脚的连接，处理得相当简洁。然而
正如我们所看到的，一旦工匠的注意力开始放在线脚上，而不是线脚围
合的空间上，那些线条就开始在所有它们相遇处维持一个独立的存在，
不同的线脚刻意地连接起来，为了造就交错线条的丰富多变。然而有一

件事我们必须为晚期的工匠正名——有时这种习惯来自比例感，它的处理比早期的工匠精致得多。这种形式首先出现在柱子分开的基础上，或拱券线脚上，它较小的柱原先有柱基，由中间相连的基础构成一组，或与其他较大的柱基成组；但是当建筑师的眼光变得挑剔时，不免感到线脚的尺寸对于大型柱子的基础来说合适，对小的又不合适，因为每种柱子有一个不同的基础；起初，小柱子的基础简单地与大柱子合为一体；但当大小柱子的竖向剖面都变得更加复杂以后，小柱子的基础被认为包含在大柱子基础之中；在这种前提下，它们生长出的地方，经过最精密的计算，以最精确的方式切割；这样就形成了一个精美的晚期特色的分离柱基础，比如阿布维尔①教堂正厅的柱子，看起来好像它的小柱是首先直接从地上伸出，每一根都带有一个完整而错综复杂的基础，然后这个包括一切的中央基础，把它们用黏土浇筑在一起，任由它们的尖角到处乱伸，就像锋利的水晶边缘从土地上伸出一个小瘤。展现在此类作品上的技术灵活的表现，通常精彩纷呈，最奇怪的可能形状的剖面都可计算至头发丝的宽度，下方出现的形式经过粉饰，即使在某些地方因为它们太小实在看不出来，只有手摸才能感觉到。如果没有反复测量其剖面，一个非常精致的形式不太可能被清晰地描绘；但是铜版插图四的图示 6，来自鲁昂教堂西门[13]，是一个非常有趣而简洁的例子。它是两个主壁龛之间的窄柱的基础的一部分。方柱 K，基础侧面如 p、r，理应其中包含另一个相似的基础，平行布置，比围绕它的大基础举高很多，以至于它的轮廓退让的部分 $\bar{p}$、$\bar{r}$ 应该比突出的外侧部分靠后。它的上部角度正好符合上部包围柱 4 这一侧的面，因此不会被看见，除非切两个竖向的切口故意展示它，这样就会在整条柱身投下两条深色的线。两

---

① 位于法国北部皮卡第大区索姆省，至今仍留有 15—17 世纪的哥特式圣维尔弗朗教堂及带有 13 世纪塔楼的市政厅。——译者注

条小的壁柱如缝针般穿过这一连接点，在小柱的前面。剖面 $\bar{k}$、$\bar{n}$，分别在 k、n 点的剖面，可以解释这整个构造是如何建造的。图示 7 是最小的台基基础，或更确切地说是个连接（这种形式的连接一再发生，在火焰式哥特的支柱上），支撑着已经失落的火炬雕塑；它下面的剖面和 $\bar{n}$ 一样，它的构造，在读懂另外一个基础之后，能很快被理解。[14]

二十八、然而在这种纠缠中，有很多很值得仰慕同时也应当批评的地方；体量的比例通常与它们错综复杂的程度一样美丽；尽管交错的线条十分粗鄙，他们依然精致地映衬了间隔线脚的花饰。但其魅力不止于此；它从基础生长出来延伸至拱顶；在那里，找不到足够的空间展示，它就把柱头收回来，甚至从圆柱的柱头上（我们只能仰慕而又不得不遗憾那些能在处理三千年古建筑时藐视世间一切权威和习俗的人），为了使得拱形线脚能够看起来是从柱子冒出来的——正如在基础上线脚看起来已经迷失在柱子中——而且并不在柱头顶板上终结；随后他们的线脚在拱顶点处彼此交叉；最后，无法找到它们自然伸展的方向，也没有足够修饰交错的机会，正如它们所希望的那样，它们时不时地弯曲一下，然后在它们经过交叉点时匆匆终结。铜版插图四，图示 2，是法莱斯 [①] 的圣热尔韦教堂半圆形后殿的飞扶壁的一部分，它的线脚剖面我已经在上文大致绘出了，如 $\bar{f}$（竖向剖切 f 点），在十字交叉和两个拱处三次穿过它自身；方角在十字架末端被切成尖角，仅为了切削的乐趣。图示 3 是苏塞尔市政厅门头的一半，连接点剖面的阴影部分 g g，是拱形线脚的一部分，重复了三次，六次与自身交叉，末端被切断，因为它们已实在无法处理。这种样式先前确实在瑞士和德国十分盛行，由于用石材模仿木制鸠尾榫，特别是模仿瑞士木屋的角部梁的交叉；但这仅仅是这个谬误体系的危险中比较浅显的例子——这个谬误体系从一开始就压抑了

①　法国诺曼底地区的一个郡属。——译者注

德国哥特，最后又毁掉了法国哥特。如果要进一步追寻这种滥用的夸张形式和处理手法将是一个过于痛苦的任务——扁平的拱，皱缩的柱子，没有生命力的装饰，弧形的线脚，扭曲而夸张的叶饰，直到文艺复兴打破规矩的洪流来袭，超越了这些残渣余孽，扫除了所有体系和原则，把一切都冲刷殆尽。

伟大的中世纪建筑时代就这样落幕了。[15]因为它已经失去了自身的力量，违反了自己的法则——因为它的秩序、一致性和组织性都已经被打破了——它再也无法抵御汹涌的创新洪流的冲刷了。请注意，这恰恰是因为它自己牺牲了真实原则。从它牺牲整体性、企图模仿并非自身的形式、生发出各种衰败病态的形式、侵蚀了支柱的统驭地位开始。并不是由于它的时代已经过去，并不是因为它遭到经典的天主教徒的蔑视，也并不因为它使虔诚的清教徒感到恐惧。即使在这些轻蔑与恐惧下，它依然可能存活；它完全可以傲然屹立，与追逐感官享乐的柔靡的文艺复兴建筑形成鲜明对比；它完全可能以脱胎换骨的荣耀，以崭新的精神，从它沉入的废墟中重新树立起来，甚至放弃上帝的荣耀，正如当初它接受上帝的荣耀那样——只有当它自身的真实性丧失之后，它才会永远沉没。再没有什么智慧和力量能从尘土中使它重新站起；热情犯下的错误，奢侈带来的软弱，给予其沉重的一击，并将它冲散。当我们踏上它的基地遗址，在它坍塌的石块间漫步时，我们很有必要记住这点。那些残垣断壁，当海风在其间哀婉低吟，在它的每一个连接点和骨架上四处洒下从凄冷的海岬上射来的灯塔之光，如同原先祈祷者沐浴的圣光一般；那灰暗的拱顶和沉寂的走廊，在它们的下方，山谷间的羊群在其间食草，草皮覆盖了曾经的祭坛；那些不成形的杂物堆，并非自然造物，使地面突起成为奇特的花坡，在山间小溪里留下并非山石的石块，它们定是要引导我们产生别的思索，而不是对劫掠感到愤怒，或者对废弃感到哀叹。不是抢劫者，不是狂热的破坏者，也不是渎神者制造了破坏；战争、愤怒、恐惧都可能导致最坏的情况；从毁灭者手中，坚固的墙垣依然可能升起，纤细的柱子依然可能重新开始生长——但是它们再也不可能从违反真实的废墟中重新站起了。

注释

[1]"想象"，之前为"假设"，这个词奇特而又不完美，"想象"（Fancy）是"幻想"（Fantasy）的缩写，必须理解为不仅包括大范围的想象，也包括真正的好恶，或甚至包括愚蠢和病态之物——无论如何它们与最健康的事物一样真实，正如我们知道它们同时也是病态的。梦和现实一样真实，作为现实的一种表象：只有在我们并不把它当作一个梦的时候才有欺骗性。[此处，第一版用词为"Supposition"（假设），第三版改作"Fancy"（想象）。因为作者特地加注释说明。——译者注]

[2]这一段探讨的是针对肉眼和意识的美学欺骗——并非指真正的道德上的欺骗。见第一章章后注［13］。

[3]此处删去4行，一是关于霍普先生对圣索菲亚大教堂的攻击，目前我不想再纳入文本中，因为我未亲眼见过圣索菲亚大教堂；二是我自己对剑桥国王学院礼拜堂的攻击——因为我没有考虑它的错误中包含的许多美妙品质，也没有考虑它的风格中高于其他建筑之处。

[4]"至今为止"（指我写作的当时），与目前我所见到的金属工艺的迅速发展完全不同，这种技术趋势已经把我们原本欢乐的英格兰变成一个铁面人的国度。

[5]再次提到"建筑"这个词，用来表示以最佳方式处置材料的建筑权威。没有一个工匠能够真正掌控铁的晶体结构的变化，或者它腐朽的方式。德尔菲神谕（德尔菲是古希腊著名的神庙，古希腊人普遍认为它晓示了神的谕旨。——译者注）对铁的定义："灾难上的灾难"（指铁砧上的铁），在最近几天就得到了完整的阐释：从"先锋号"或"伦敦号"的沉没，到伍尔威奇码头栈桥被撞成碎片——就发生在我写本注的两天前——钢铁的难以驾驭是与之最相关的显著事实。见附录三。（此处作者可能指发生在当时的一起渡轮撞船事件。——译者注）

[6]我未见铜版插图有任何参考。这是一幅来自法国圣洛一所老教堂的铅笔素描（我相信原作现在应该在美国，属于我的好友查尔斯·艾略特·诺顿），画的原意是要展示自然草叶比人工雕刻的卷叶饰更美，同时也展示两者柔美的和谐。在第五章第十八节中将进一步阐述这一图示。

[7]有价值，当然此处的使用仅从一个不严谨的经济学家的角度而言，指"生产制造的价格"，与下一句中的物体自身的价值相区别。

[8]这里再次为了一个完美简单的问题进行了太多不必要的形而上学的评论；无法得出结论，因为如果机械制品被广泛运用，它就不会再显得不真实，这种普遍使用在今日世界似乎很有可能发生。这一主题随后在我对曼斯菲尔德艺术院校的学

生的致辞中有更好的阐述；我希望这一部分能够在我新版本的"艺术政治经济学"中加入重印，总结验证条件。

[9] 括号中的这句话是一个错误的假设，毁坏了本章最后数页的论据的力度。

[10] 然而，一个杰出的画家的确很在乎他运用笔触的方式；一个优秀的雕刻家也会在意他运用木槌的方式，但是他们都不会在意他们的行为是否会受人仰慕，而只在乎其技艺是否恰当。

[11] 这个问题无可争辩，因此维奥莱·勒·杜克［Eugène Emmanuel Viollet-le-Duc（1814—1879），法国建筑理论家，19世纪最重要的哥特复兴建筑理论家。——译者注］在他论述花窗的著作《建筑辞典》中，也只能将他的注意力局限于花窗杆件的修饰上。这一主题将在我的第六个演讲"关于瓦德阿诺（意大利托斯卡纳地名。——译者注）"中进行彻底的阐述。

[12] 但愿这条晦暗的注解只谴责了我迄今为止最主要、并怀着最大热情研究的建筑的终极特征——火焰式。这是一个用理性打破偏见的例子，对此我有理由骄傲，我也应当指出这一点，为了我始终想从读者那里获得的信赖正名。

[13] 我相信威利斯教授可能是第一个观察到并确认失落的哥特建筑结构原则的现代人。前述提到的他的著作（本章第二十一节）教会了我所有的典型哥特语言，但火焰哥特的语言却是我自行发展的，并在此阐述，企图提出一些新的观点——然而，所有这些观点威利斯教授之前已经提出过了，他随后在他的"对火焰哥特的特征阐释"中向我指出了这一点。

[14] 在随后阐述理论时，在排布这本书时，在论证所有美丽形式都来自自然时，我无法理解我为什么删去了一个在我脑中占有显著地位的如此有力的论据，将这些线脚与水晶的结构对应起来。或许是因为我知道工匠从未见过或想到过水晶，但后文我应该还是提出了这个观点。这个删除的确很奇怪，因为我的确在比萨哥特上看到了相似性——见下文，第四章第七节——并没有太大的区别！

[15] 结尾十分华丽——但不幸的是——毫无意义。缺乏对真实的追求的确是哥特没落的部分原因，但决不是决定性因素。所有可能的人类愚蠢行为的阴影和放纵在晚期哥特和文艺复兴建筑时期相遇，从各个方向立时毁掉了这门艺术最杰出之处。

第三章　宏伟之灯

　　一、在回忆人类作品给我们留下的印象时，当漫长的记忆冲淡所有模糊的印迹，只留下最生动的形象之后，我们会发现这些生动形象的牢固程度有一种难以计算的奇特的卓越性和持久性，它们的特征逃过了判断力的探查，从记忆废墟下树立起来；如同坚硬石块的脉络，它的位置起先无法察觉，只有在风霜河流的侵蚀下才能显现。由于情绪不宁，环境不当，或联想的偶然性而对人类作品难免抱有错误的判断，在时间长河中旅行的人若要纠正这一错误别无他法，只有等待漫长的岁月带来冷静的判断；观察新的特征和形状的排列直到新的形象留在他的记忆之中；如同山湖的退潮，人们会观察退潮在岸线上形成的不同轮廓，在它退后的水域的形态中，追寻原始河床最幽深处，水流冲刷或探掘所留下的形态。

因此，当记忆转向那些为我们带来最愉悦印象的建筑时，我们会发现它们大致可以分成两种类型：一种以极度的精致著称，我们回想它们时带着感性的仰慕；另一种带有神秘的威严庄重，我们回忆它们时带着一种挥之不去的尊重，仿佛面对宏伟的神灵之力。还有许多或多或少介于两者之间的例子，也总是以别样的美或力量展现，这使得建筑的各种记忆彼此模糊，或许它们首次留给我们的印象绝非低劣的伪装，但却仰赖于并不持久的尊严——昂贵的材料、堆砌的装饰、或新奇的机械手段。这些的确能够引起特别的兴趣，记忆可能会对建构上特殊的部分或效果留下强烈印象；但是我们会记起这些，仅仅由于主动的刺激，不带有任何人类情感；而在感官未受到刺激的时刻，更纯净美丽的画面，包含更多震撼心灵的精神力量，会平和庄严地回到我们面前；即使有许多富丽堂皇的宫殿，珠环翠绕的神庙，仍会在我们的思绪中消逝而化作金色的尘埃，在它们的黯然失色中，随之升起的是一些遗世独立的白色大理石圣堂的景象，耸立于河畔林边，网状肋拱点缀于拱顶之下，仿佛在新降初雪的苍穹之下；或者那些投下阴影的宽阔墙体，其墙面上石块的切分有如山峦的基础，但又绵延无尽。

二、这两种建筑形式的区别又不仅仅在于其本身的美丽和宏伟，同时也是人类作品改造自然或顺应自然之别；因为无论建筑平庸还是美丽，它都是对自然形式的模仿；有的并不需要过度改造自然，它的庄严感有赖于人类思想的排布和把握，它成了思维之力的表达，其宏伟之感极大地取决于表达了何等程度的人类思想。因此，所有建筑都展现了人类本身采集或驾驭的本性；人类成功的秘密在于人知晓该采集什么、如何驾驭。这是建筑的两盏智慧的明灯；其一在于对自然造物恰当而卑微的崇敬，其二在于如何主宰人类栖居之所。

三、除了对人世间的权威力量的表达之外，宏伟的建筑也与所有自然造物中最壮丽者相应和。两者应和所形成的支配的力量，正是我现在试图探寻的机制，它把所有的疑问丢进创造力这个更抽象的领域里：关于创造这种能力，以及相关的比例与布局问题，只能用对所有艺术领域的宏观眼光来准确检验；但是建筑与广袤自然的宏伟之力的相通之处非常特殊，应该最直接受到我们的重视；它的优点越多，越被晚近的建筑师所忽视；我最近看到两种流派之间的许多争论，一家倾向于原初性，而另一家倾向于宗教性——他们在设计美学上有很多尝试——在建造方面也有许多精妙之举；但我从未见他们致力于表达纯粹的力量；在建筑这门人类首要的艺术之中，人们从未意识到应该表现出与上帝最雄浑壮丽的作品相关联。建筑作品仿佛只能仰赖人类思维的真挚努力而接受额外的荣耀。然而在人类的大厦中应当看到对自然精神的尊崇——此种精神使树木成林，给林阴道戴上穹窿般的树冠，此种精神使树叶遍布脉络，将贝壳抛光，为所有生命体施以优雅的生命律动，这种精神同时也重塑了大地山脉，使陡峭绝壁直插云霄，升起巍峨山峰直上苍穹——所有这些，以及那些远超于此的优雅，在造物主的意志里，并非不想把这些精神与他所创造的事物相联结。灰色的山峰未失庄严，如果将它比拟作大块面乱砌的蛮石墙；岩石峡角的顶峰化作城堡的尖塔而丝毫不失威严；即使是忧郁中混杂着孤独的远处圆锥形的群山，也可演化为白色海滨无名坟冢的景象；还有成堆的芦苇丛，可比拟屋宇鳞栉的城市，它们已经融入了这自然生物消长轮回的命运。

四、那么就让我们来考察一下大自然从未在人类的作品中抛弃的这种力量和威严究竟是什么；考察一下珊瑚般蔓延的能量塑造的体量之中的壮丽宏伟，即使化作永恒的山丘，也需要地震之力抬升和洪水之力铸造。

首先从尺度上来说：建筑可能无法模仿自然造物的宏伟；如果建筑师满足于把建筑作为彼此竞争的手段，它也不可能成就如此的宏伟。可

都灵的苏佩尔加教堂

位于威尼斯大运河与朱代卡运河尖端之上的安康圣母教堂

图 3-1

能不适合在夏穆尼谷 ① 中建造金字塔；而圣彼得大教堂，在它的诸多错误中，处在一座微不足道的山丘斜坡上可能不算是最小的损害。但如果想象它建造在马伦哥 ② 平原上，或者像都灵的苏佩尔加教堂 ③，或威尼斯的安康圣母教堂（图 3-1）④！事实是，对自然造物的尺度的理解，和建筑的尺度一样，取决于如何激发人的想象力，而不取决于眼见的真实尺度；建筑师有一种特殊优势，能够随心所欲地将超乎寻常的尺度呈现在人们眼前。甚至在阿尔卑斯山上也很少有山石能像博韦主教堂的歌坛般，有如此笔直高耸的线条。如果我们能确保墙壁成为高耸的绝壁，或者塔楼成为陡峭连续的山形，并把它们放置在没有庞大的自然形象与之相抵触之地，我们应该能感觉到它们无需在尺度上有多巨大。我们或许应该鼓励这一点，尽管也不无遗憾，比起自然损毁人造之物，我们能看到人类对自然壮丽的毁坏更频繁。不需要花费多少力气就能使一座山峰失去尊严。一座小屋有时就能做到；我每次从阿尔卑斯山的夏穆尼峰回望垭口时，总是强烈地感到它那迎宾小木屋对山峰形成一种强烈而格格不入的挑衅，它们那些亮白的墙面在绿色的山脊上形成了惹眼的四方形污点，彻底破坏了山峰向上延伸的意向。一间简单的别墅常常会损坏整片景观，使山丘的统治黯然失色；我认为雅典卫城、帕特农神庙和整片古迹，被它们脚下后来建造的那些宫殿缩减成了矮小的模型。事实是，这些山峰并不如我们想象得那么高，同样，如果那些并不夸张的建筑尺度带有更易感知人类劳作和思维成果的真实印象，它们才能形成一

---

① The valley of Chamouni，阿尔卑斯山勃朗峰中的一个风景秀丽的村庄，为群山环绕，是登山与滑雪的胜地。——译者注
② Marengo，位于意大利西北部皮尔蒙特的一个村庄。为 1800 年拿破仑法国与奥地利进行的著名战役所在地。——译者注
③ Basilica of Superga，位于都灵郊外苏佩尔加山顶上。——译者注
④ Santa Maria della Salute，位于威尼斯大运河与朱代卡运河之间的狭窄尖端上。此处的两个案例均强调自然环境对建筑尺度的烘托。——译者注

种宏大感；除非严重错误地排布其部件，否则没什么能破坏它。

五、因此我们不能认为仅仅是尺度就能造成一种糟糕的设计，然而建筑体量每增加一点，就赋予建筑一定程度的庄严感：因此我们最好先确定，某幢建筑是想要成就华丽，还是要成就宏伟：如果是后者，把建筑较小部件的尺度放大并无帮助；仅当明显由于建筑师的意志而至少达到一定程度的巨大时——达到宏伟所需的最低条件——建筑才可以大致辨别出明确的大小。我们大多数现代建筑的不幸在于我们情愿使它们达到普适的完美；因此部分资金必须用在涂装，用在鎏金，用在装配，用来装饰彩窗，用来造小尖塔，用在各种装饰上。然而无论是窗，尖塔或装饰，都不值得花费如此多的材料。因为人类思维的敏感部分外面包裹着一层坚硬的外壳，必须刺穿这层壳才能触及内核；尽管我们可以在一千个分散的点上刺戳它、抓挠它，但如果我们刺得不够深入，我们有可能仍未触动它：而且如果我们能在思维的某一个地方进行深入地刺激，就不需要在其他地方再行刺激；刺激的面无需像教堂的大门一般宽广，一个点也就够了。仅仅重量就能做到这一点；这种刺激方法很笨拙但却有效；冷漠的思维无法被小尖塔刺穿或被小窗照亮，却能立刻被厚重的高墙所震慑。因此，让那些没有大量资源的建筑师首先选择能震撼人的突破点；如果他选择用尺度来震撼，那他最好放弃装饰；因为除非这些装饰集中在一起，足够大从而使得它们集中看起来明显，否则这些装饰还不如一块单纯的大石块来得震撼。这一选择必须是决定性的，不能妥协。绝不能质疑柱头丝毫不装饰是否不好看——就让建筑师设计这样巨大简洁的体块；也不能质疑他的拱门为何没有丰富雕饰的柱顶过梁——就让它们再高一英尺，如果可以的话；比起网格花纹铺砌的地面来，教堂正厅再宽大一码更有意义；让外墙再高一英寻①，胜过用一排

---

① 1 英寻折合 6 英尺或 1.8 米。——译者注

小尖塔来装饰[1]。尺度的限制仅仅应该在建筑的使用上，或者在排布建筑物的空地上。

六、无论这种局限由什么情形决定，我们接下来要问，究竟以什么形式才能最好地展示尺度的宏伟呢；因为很少，或许从来没有，任何一幢在尺度上进行伪装的建筑物看起来像它本身的真实尺度那样大。从任何距离看来，尤其是从上方俯视，几乎总是能证明我们低估了这些部件的庞大。

经常能看到一幢建筑物为了展示它的尺度，必须整体呈现在人们面前——或许更准确地说，必须尽可能地用连续的线条来限定，它的灭点应该显而易见；或者应该用更简单的术语表述，它必须有一条限定线条从头延伸到底，从这一端到那一端。这条从头到底的限定线条也可以向内倾斜，这样建筑体量就成了金字塔型；或者垂直，这样建筑体量就形成了高峻的悬崖；或向外倾斜，比如那些老屋突出的外立面；还有一种类型，如希腊神庙和所有拥有沉重檐口和屋顶的建筑。现在，在所有这些案例中，如果这条限定线条被粗暴地打断，比如檐口突出，或者金字塔的上部后退得太过，就会失去庄严感；这并不是因为这幢建筑物的整体不能全部呈现——比如沉重的檐口，不会遮蔽建筑的任何部分——而是因为它的终端线条的连续性被打断了，这条线的长度因此无法估量了。但如果建筑物的大部分被遮蔽的话，这种错误当然是更致命的，比如著名的例子，圣彼得大教堂拱顶的后退[1]，以及从大多数视角来看，所有那些最高部分处于平面十字中心的教堂顶部，无论是拱顶还是尖塔。因此，佛罗伦萨大教堂的尺度只能从某一视点被感知，也就是从巴

---

① 圣彼得大教堂在长达120年的时间里，根据历任教皇的要求，由多位不同的建筑师不断改建，最终的结果是希腊十字平面被改成一端较长的拉丁十字平面，从正面看来巍峨的大穹顶被过长的前殿挡住，使其效果大打折扣。这也是文艺复兴至巴洛克时期天主教和人文思想斗争的反映。——译者注

雷斯基耶里（Balestrieri）大街的转角，在教堂东南角的对面，你才能看见拱顶位于后殿和十字形翼部之上。在所有塔楼位于十字交叉点的例子中，塔楼本身的宏伟高峻失去了，因为只有一条线能够让眼睛追踪整体高度，而那条线就在十字交叉的内角，并不容易看到。因此在对称感上，这样的设计通常更有优越性，然而，如果要突出塔楼的高度，必须把它布置在西端，或者更好的做法是将它独立出来作为一个钟楼。想象一下，如果伦巴底教堂的独立钟楼保持现在高度置于十字交叉点之上，会有多大的损失；或者鲁昂大教堂，如果黄油塔放置在中央，在目前次要小塔的位置，又会降低多少效果。

七、因此无论我们是否需要设计塔楼或高墙，都必须有一条限定线条从顶部延伸到基础；我本人倾向于真正的直线，或类似人不愉快时隆起的额头（Frown）[不是皱眉（Scowl）]，比如佛罗伦萨旧宫。许多诗人常常用这种意象来描述岩石；较小的基础仿佛不足以承载上部的突出——但突出度又恰如其分；因为这种不怒自威之感比起单纯的巨大体量来是一种更庄严的形象。在建筑物中，这种威胁多少是由它的体量来表达的。一个仅仅突出的架子是不够的；整面墙必须像宙斯一样点头致意同时又皱眉不悦。因此，我认为佛罗伦萨旧宫的挑出式堞口（图3-2），和佛罗伦萨大教堂的穹顶比任何希腊式的檐口都要更宏伟。有时这种突出可能摆在更低的位置，比如威尼斯总督府，它的主要外观是在二层拱廊以上；或者突起也表现为从地面隆起的庞然大物，仿佛船头的线条从海面隆起。鲁昂大教堂黄油塔第三层壁龛的凸起处就非常好地展现了此种庄严。

八、突出高度方面宏伟的必要性，在表达面积的广阔上同样适用——让我们把两者结合在一起。特别值得一提的是佛罗伦萨旧宫以及其他此类宏伟的建筑，有一种看法是应该只彰显高度和长度其中之一来

图 3-2　佛罗伦萨旧宫挑出式堞口

体现宏伟的尺度，而不能均衡地两者兼顾，这是一种谬误：尽管可能这些建筑物整体看来是一座宏伟的广场上最宏大的，而且看起来它们似乎是由天使的仙棒来衡量的，"长、宽、高都是一样"。① 这里需要注意，我相信有一点没有被我们建筑师充分考虑。

在许多建筑所属的广泛分类当中，没有什么比关注墙面的设计，以及那些用来分割墙体的线条更使我感兴趣的了。在希腊神庙中，并无墙体；所有的设计趣味在于分开的柱子和它们所承托的中楣；在法国火焰式哥特建筑，以及我们英国的令人厌恶的垂直哥特建筑

---

① 出自《新约·启示录》，21：16："城是四方的，长宽一样。天使用苇子量那城，共有四千里。长、宽、高都是一样。"——译者注

图 3-3　格洛斯特大教堂室内，典型垂直哥特建筑风格

（图 3-3）[1] 中，目的是要消解墙面，使注意力集中于花窗的线条上；在罗曼式和埃及建筑中，墙面被承认和尊重，允许光线照耀在大面积的墙面上，并施以各种装饰。的确，这两种原则都被大自然所承认，一个在她的森林和灌木丛中，另一个在她的平原、峭壁和水域中；但后者才是力量的主要来源，从某种意义上来说，也是美的主要来源。因为，无论森林迷宫中有多少无尽的平面形式，我以为，平静的湖面是更广阔的景象；我几乎不知道有什么杆件或花窗的结合，可以用来替换那些昏然暖阳照耀的平滑、宽广、人体般的大理石表面。然而，如果宽广度要达到美观，它的实体也必须有某种程度的

---

① 　垂直哥特是英国哥特建筑第三个发展时期的特征，以强调竖向线条而得名。垂直哥特大约在 14 世纪 50 年代开始出现，从 13 世纪晚期和 14 世纪早期的装饰主义式样中发展而来，一直持续到 16 世纪中期为止。——译者注

美观；在我们区别卡昂岩石的空洞表面和热那亚及卡拉拉岩石混杂蛇纹石 ① 和雪花石 ② 的华丽表面之前，我们不能轻率地谴责那些北方建筑师用线条分割墙面的孤例：但用纯粹的宽广来表达力量和庄严是没有问题的；如果没有宽广的表面，寻求庄严是白费力气，因此表面必须宽广、光洁、连贯，无论它是砖块还是宝石；照耀在这宽广表面上的天堂之光，和它包含的土地之重，这就是我们所需要的一切：真是神奇，如果空间足够广阔能够囊括一切，能提醒人们（无论多小程度）草原的平坦和海洋的广阔为心灵带来多少乐趣，人类思维对材料和手艺就有多健忘。人类用切割的石块和雕镂的黏土来实现这一点，使一堵墙面看起来无穷无尽，使它的边缘在天空下像一道地平线，这些都十分可贵：或者即使未达到这种程度，能记录下光影照耀在宽阔表面的变幻，看到晕染和投影的技艺和渐变如何展现岁月风霜在它身上留下狂野印痕；看到日升月落间，连绵不绝的暮色长久而艳丽地停留在它那没有岁月痕迹的高昂额头上，并毫无踪迹地消逝于它复杂而数不清的石头之间，这些也都令人愉快。

九、我认为所有这些都成了宏伟建筑最特殊的元素，很容易看到，对此种特性的喜爱的必然结果[2]，是人们倾向于选择接近四方形的形式成为大多数建筑的外轮廓。

因为，无论建筑物是依什么方向建造的，人的眼睛都会被吸引至这个方向的终端线条；只有当这些线条被去除时，建筑表面在所有方向的感觉才能尽可能达到最大。因此在那些被纯粹笔直或弯曲的线条束缚的方形和圆形成了主要展示力量的区域；这些与他们相关的实体——立方

---

① 蛇纹石是一种含水的富镁硅酸盐矿物的总称，常为绿色调，因纹路青绿相间如蛇皮而得名。——译者注
② 雪花石的矿物成分是黑曜石，属于火成岩的一种，表面上长有犹如雪花般的原生花纹。——译者注

图 3-4　威尼斯总督府主立面

体和球体，以及相关实体的序列（比如在对比例原则的探究中，我提及的一个特定的形式沿着一条指定方向的线条不断反复所得出的体量），还有方形和圆柱形柱子，是所有建筑排布终极力量的元素。另一方面，典雅而完美的比例要求在某个方向有一定的延长率：某些建筑师对这种延长的理解是重复一长串标志特征，甚至人眼无法胜数；然而从这种形式的突兀、专断和简陋上，它们的巨大性的确使我们尴尬，而不是我们对其形式无法解读。这种连续重复同一形式的权宜之计塑造了宏伟的拱顶和走廊，所有形式的柱，并在较小尺度上塑造了希腊式线脚；而如今它们在我们所有最糟糕和最熟悉的家具形式上不断重复，不可能不让人厌倦。很显然建筑师有两种形式上的选择，每一种或许都带有其独特的趣味或装饰：方形面域，或最大区域，尤其在方形作为设计主要意图时使用；某一维度较长的面域，设计主要意图是要将表面进行分割。我认为有一个杰作几乎兼具了这两种形式秩序的力与美的来源，并将其辉煌地结合在一起——我恐怕过于频繁地提及它都使读者感到厌烦了——威尼斯总督府：它最普遍的排布是空心的方块；它主要的立面呈长方形，视觉上被 34 个小拱和 35 根柱子拉长，而又被中央有华丽顶盖的窗子所分割，由红白两色的格子图案作为纹饰（图 3-4）。我相信再不可能创造出一种更宏伟的排布，像总督府这般庄严和大气。

十、在伦巴底罗曼式建筑中，这两个原则更多地融合在一起，这在比萨大教堂最为显著：成比例的长度由一条拱廊所展示，拱廊上部 21 个拱，下部 15 个拱，在教堂正厅一侧；显眼的方形比例放在正面；这个正面分割成数条拱廊，一个叠在一个上面，投下深深的阴影；在基础之上的第一条拱廊，有 19 个拱券；第二条有 21 个拱券；第三条和第四条各有 8 个，总共 63 个拱券；所有的拱券顶都是半圆形，柱子全部为圆柱形，最下方的基础部分有方形面板，呈菱形设置在半圆拱下方——一种此类风格中普遍适用的装饰（铜版插图十二，图示 7）；半圆形后殿，屋顶为半圆拱，三个圆拱券作为外立面装饰；后殿的室内，在三分式圆拱廊下方有一扇圆拱券，广阔的平整面上可见上方墙面饰以条纹大理石；整体排布（并非特例，而是这一时期所有教堂的共通特征；并且我感觉是这一时期教堂建筑中最庄严的；它可能不是最美丽的，但却是人类思维可能感受到的最有力的形式[3]）全部是基于圆形与方形的组合。

然而，对于我现在正探究的这个领域，我希望稍后与其他美学问题相结合，进行一番更仔细的查验，但相信我给出的例子已经为方形体量进行了正名，从而驳斥了那些对方形体量的微词；方形体量也许不会作为一个主导性形式，但却经常以最好的马赛克形式出现，还有无数种次要装饰的形式，现在我也无法尽述；我对其威严性的主要判断总是在于它作为空间和立面的一个组成部分，因而被选中，或者以方形轮廓来统一，或者以光影的体量来装饰那些具有珍贵或值得崇敬的外立面的建筑。

十一、我们再深入一步，探讨普遍形式，以及建筑规模最好的展示方式。让我们稍后再考虑细部和次要部分的力量展示。

我们要谈及的第一种类型，不可避免地是砌块。诚然砌块在伟大的建筑作品中可能被隐藏；但我认为此种做法不明智（也不诚实）；出于这个原因，切分的砌块比大块的石砌更能塑造庄严形象，正如整体化的梁架和柱或者大型过梁和额枋，比砖墙或小石块砌成的墙更庄严一样；此类部件有一种组织方法，如同连续的骨架相对于脊椎，不那么容易弯曲。因此，出于种种原因，我主张建筑的砌块应该显露：同样，除了一些罕见的案例（如礼拜堂和神庙中大多数人工装饰的表面），建筑越小，越有必要裸露其砌块，反之亦然。如果一幢建筑物小于普遍的体量尺度，我们不应通过缩减砌块的比例来增加显著的尺寸（太容易测量）。但是可能人们常常希望用大块的石材给予建筑某种庄严感，或者，更多的情况是在建造中引入此类做法。砌筑的小屋的确不可能显出庄严；但是在威尔士、坎伯兰郡和苏格兰，使用粗粝不规则的山石堆砌成的山地小屋就有一种标志性的庄严元素。尽管四到五块砌筑屋角的石块就能从地面达到檐口，却丝毫没有使它们的尺度相对之下被缩小，或者尽管某块当地的石头恰到好处地有所凹凸，仍能恰当地砌筑于墙体的框架中。另一方面，一旦建筑达到了宏伟的尺度，它的石块是大还是小其实已经无关紧要了，但是如果石砌块全部很大的话，它会缩减庄严感，因为缺少了小块面的度量；如果全部很小的话，它可能暴露材料的贫乏，或者形式的呆板，除非在很多例子中用线条来干扰，或以工艺精致来弥补。这种干扰的一个非常令人不快的例子就在巴黎圣马德莱娜教堂的立面上，柱子用非常小的、几乎均等的石块构成的，石块接缝清晰可见，使柱子看上去近乎覆盖着一层网架（图 3-5）。因此，石块砌筑通常是

图 3-5　1890 年代的巴黎圣马德莱娜教堂

最宏伟的自在方式，不必使用全部大块或全部小块的材料，而是自然而坦率地根据其作品的实际条件与结构，显示自身如何恰如其分地处理最大体量，以及如何在最小体量处妥协其主旨，有时以强有力的戒律堆砌岩石，束缚住灰暗的残余边角料，一起融合迸迸发的肋架和隆起的穹顶 ①。如果我们能够更广泛地感知这种率真自然的石砌的庄严感，我们就不应该磨平它的表面，对齐它的接缝，从而损失其尊严。我们从采石场采来石材之后，在凿平和抛光石块上花去的费用原可以节省下来，通常都能将楼再造高一层了。只有这样才能对材料有所尊重；因为如果我们用大理石或石灰石建造，我们知道最容易的工艺就是使其看来纯出天然；若能利用石材的柔软性 ②，用斧凿的光滑表面可使设计精致和可靠：

───────────

① 哥特建筑主要结构支撑形式，详见第二章第七节关于哥特式结构支撑的描述。——译者注

② 大理石质地不如花岗岩坚硬，因此适宜用作雕塑。——译者注

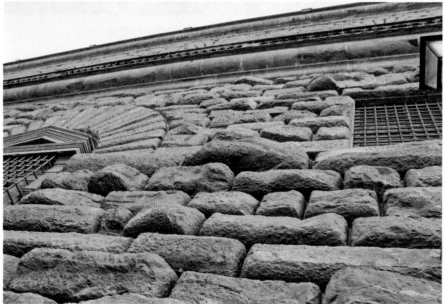

图 3-6　比蒂宫

但是如果我们用花岗岩或火山岩来建造①，在大多数案例中，最好不要使用人力去磨平它；明智的做法是使设计本身具备花岗岩特质，使砌块大致方整即可。我并不反对磨平花岗岩所带来的壮观和力量感，用人类至高无上的权威完全压制花岗岩坚硬的抵抗。但是在大多数情况下，我相信，人力和时间最好能用在其他方面；用粗粝的石块造起100英尺的高楼，比造70英尺而用抛光的石材要好。石材的天然纹理中自有一种宏伟在，伟大人类艺术如能营造成与之等同，堪称杰作；然而借自类似山峦之精神的庄严表情，常被一种屈从于人类规则和尺度的光亮错误地替代了。如果有人想要看到比蒂宫（图3-6）粗粝的表面被抛光，那他的眼睛真是太娇贵了。

十二、除了这些砌块，我们也必须考虑设计自身的分割。这些分割必须是要么根据光影的体量，要么勾勒造型而成线条；后者本身必须由切口或凸起形成，在某种光线下，它们能投下一定宽度的阴影，但是要经过足够精细的切割，才能在远处看来成为真正的线条。例如，我能回忆起亨利七世礼拜堂（图3-7）有这样的立面，纯粹用线条分割构成。

可能我尚未对以下这点有详尽的论述：一堵墙的立面对于建筑师来说就好比一块空白画布对于一位画家，以两者仅有的这个区别，这堵墙以其高度、实质和其他已经考虑的特征，就已经拥有某种宏伟性，相比之下分割墙面比起在画布上作画更具风险。就我而言，我认为一个光滑、宽阔、用石膏线布置一新的表面比大多数墙面绘画都要美；更进一步来说，一个庄严的石砌立面比起大多数伪饰的建筑特征都要美好。但无论如何，人们通常还是认为画布与墙面应得到装点和分割。

分割立面的原则与量有关，这在建筑中与在绘画中相同，或者实际上与其他所有艺术都相通；只不过画家，根据不同的主题可以部分允

---

① 花岗岩等火成岩质地较坚硬。——译者注

图 3-7　亨利七世礼拜堂

许、部分被迫根据建筑对称的光影自由而随机地排布元素。因此两种艺术分割形体的模式有极大的不同（尽管不是相反）；但在量的原则上，两者都类似，正如两者对手法的把控相似。因为建筑师不能总是确保相同的光影深度，也不能用颜色来营造感伤氛围（因为即使使用色彩，它也不能随光影移动），建筑师不得不使用很多附属手法，利用许多机巧，这些手段是画家无需考虑也不能运用的。

十三、这些限制的第一个结果是，在建筑师手中比起在画家手中，凸起的光影更不可或缺，更显宏伟。因为画家能用一种满铺的底色来调整其（画面的）光线，能用甜美的色调使画面洋溢欢乐，用苍灰的色调使画面死气沉沉，或用深色调表示距离、空气、阳光，用情绪表达填满整个空间，能处理巨大的，不，应该说是宇宙般宏大的画面内容；最优秀的画家最乐于处理此等范畴；但光线对于建筑师来说，几乎总是完整而未经调节地照射在固体表面上，建筑光影唯一的停留之处和主要营造宏伟的手段，肯定是阴影。因此，在尺度与重量之后，建筑的力度应该说取决于阴影的数量（无论是否用空间构成和阴影深度来衡量）；在我看来，建筑作品的真实性，以及它们在人们的日常生活中起到的作用和影响（与美术作品相反，我们与之不发生关联，仅对其欣赏流连），要求它应当尽可能衡量人类生活中的阴暗面，以此表现一种对人类的同理心；因为伟大的诗歌和伟大的小说均以大规模的阴暗力量来震撼我们，如果它们始终以欢欣鼓舞的诗句来影响我们就无法触动我们，文艺作品必须总是严肃，时而忧郁，否则它们就没能表达我们身处的这个野蛮世界的真相；因此，建筑这一宏伟的人类艺术，必须有同等程度的对生活艰难暴戾的苦难与神秘的表达：对此它只能用阴影的深度或广度，以其外立面的皱褶，和它退台所形成的阴影来表现。因此伦勃朗技法[①]在建筑中是一种高贵的手法，尽管在绘画中是一种虚假手法；我不相信有一幢建筑能够成为真正的杰作，除非它由强力形成阴影的体量与其立面结合，使形体富于活力和深度。青年建筑师应当学习的首要习惯之一就是用阴影思考，而不是把设计看作单薄的线条造型；应当充分感知这些情景：建筑在晨光照亮、暮霭离去的时刻，它的石块被加热、它的裂缝变冷的辰光；蜥蜴在墙上晒太阳、鸟儿在檐下筑窝的情景。让建筑师的设计[4]带有冷暖之感；让他切割出阴影，如同人们在干涸的平原上掘井一样；引领光线，如同奠基者烙下热铁；让他保持对两者完全的掌控，证明他知道光影如何停留、在哪里消退。他图纸上的线条和比例毫无价值：他必须能够掌控光影与黑暗的空间；他的工作是观察形体是否足够宽阔和明显，因而不会被晨光所吞噬，切割是否足够深以至于不会

---

① 指伦勃朗代表性的使用高光与深色阴影相对比的技法，通常称为 chiaroscuro（明暗对比法）。——译者注

像一个浅池那样被午间的烈日晒干。

或许最关键的是光影的数量——无论它们呈何形状——都应被投入体量中，以同样的权重，或者大体量消解为小体量；但必须有这种或那种体量：没有一种设计是有形体分割，但又不分解成体量，这没有丝毫价值：这一伟大的法则关乎宽广度，这对于建筑和绘画是完全相同的；它如此重要，以至于对它两种最主要的手法的运用包括了大多数使设计变得宏伟的条件，也是我目前所坚持的。

十四、画家习惯于宽泛地述说光影的体量，意指光与影所有的大空间。然而，把术语"体量"的意思限制在描述特定的形式所属的部分，把衬托此种形式的区域称为间隙。因此，在叶型饰伸出枝条或茎秆的时候，我们以阴影的间隙而拥有了光的体量；在明亮的天空被乌云笼罩时，我们以光的间隙而拥有了阴影的体量。

这种区分在建筑中仍十分必要；有两种显著的式样取决于此：一种形式是由光处于黑暗之上形成的，如希腊雕塑和柱式；另一种是由黑暗处于光之上形成的，比如早期哥特的叶饰。设计师无需确定阴影变化的深度与位置，但他的能力应该用来调节整体光影的各种方向。因此对阴影体量特征的运用，总体而言是一种鲜明的设计语言，在这之中阴影与光都是平的，最终由锐利的边缘来决定（体量的丰富）；对光的体量的运用同样也与一种柔化的整体设计手法相结合，即阴影被反射的光线所温暖，光被包围并融合在其中。这一术语被弥尔顿运用于多立克式浅浮雕——"浮雕式的"（bossy）①，这正如弥尔顿许多其他的别称那样，是在英语这门语言中对这一形式最透彻和确切的表达；但即使这一术语准确地描述了早期哥特装饰的主要构件——叶形饰，它对于平整表面的光

---

① 典出弥尔顿的《失乐园》第一卷："...and Doric pillars overlaid with golden architrave; nor did there want Cornice or frieze, with bossy sculptures graven"，译文："……多立克柱与金色额枋相辉映；而不需任何檐口或饰带，或浅浮雕装饰。"——译者注

影依然适用。

十五、我们接下来就该考虑这两种体量在真实情况下是如何处理的。首先，对于光照亮的体量，或圆形体量。希腊模式中，浮雕由更突出的形式——浅浮雕来彰显，对此查尔斯·伊斯雷克爵士[5]已有十分详细的阐述，因此我们就无需重提；由他所提出的论点，我们必然得出结论，这一结论我应当有理由再次坚持——也就是希腊工匠只把阴影处理为暗区，他把光亮的形体或设计清楚地与之分开：他注重于强调重点部位的可读性与清晰度；而所有的构成、所有和谐，不，分解形体的活力与能量，在有必要时，都向平实的语言牺牲。也没有任何偏好一种形式甚于另一种形式的情况。圆形运用在柱、主要装饰构件，并不为了其自身，而是作为它代表的事物的特征。它们呈现出美丽的圆弧形，因为希腊人追求圆满，而不是因为他喜欢圆形甚于方形；严肃的直线形式与雕刻的檐口和三陇板联系起来，柱的体量被凹槽分割，从远处看，大大缩减了其宽度。这些原初的排布留下的光影力量，都被随后的精雕细刻和附加装饰所消解了；并在罗马建筑中继续消解，直到圆拱确立为装饰特征。它可爱与简洁的线条教会眼睛探询固体形式的相似边界。随后是穹顶，装饰体量因此而不可避免地与建筑的这一主要特征相关与协调。因此，在拜占庭建筑师中间，一种装饰体系逐渐兴起，完全局限于弧形体量的表面，光线落在上面的时候，如同落在一个球面或柱子上一样形成不断的渐变，而照亮的表面一律都被切割成最精巧独特的复杂细节（图3-8）。当然对那些技术欠佳的工匠来说，有些事是可以容许的；比起在希腊柱头上排布凸出的叶饰，固体的块状更容易切割：而这样的叶饰柱头无论如何还是由拜占庭匠人实现了，他们对于巨大体量的偏好绝非强制性的，我也无法认为这是不明智的。相反，如果说线条的排列对于希腊柱头来说是高超的艺术，拜占庭艺术的光与影更加无与伦比地宏伟雄浑，它基于几乎所有自然物质所拥有的光影渐变的特征，而对此

图 3-8　科索沃的格拉卡尼卡修道院，拜占庭建筑的圆弧体量特征在此体现得十分明显

种变幻的把握，实际上是自然造物排布伟大形式的最首要与最显著的目的。翻滚的雷雨云构成霞蔚变幻的云团，聚拢于宽广、炽热、高耸的区域，由错杂其间的暗夜般的间隙进行反衬；几乎不逊其雄伟的山峦，被山脊与窄径撕裂或横贯，照亮的峰峦和暗处的峡谷却从不失其整体感；所有庄严的大树树冠，拥有枝繁叶茂的装饰，杂处于远处的森林中，但最终终结于天空清晰的界限和绿色的地平线，从上空俯瞰气势恢宏。所有这些都证明了那伟大而光荣的法则，拜占庭装饰是为了光的宽度而设计；比起自闭自满的希腊人，拜占庭建筑向我们显示了建造者对神所创造的宏伟有更真诚的感悟。我知道他们相对希腊人而言显得粗鄙；但在他们更严肃的调子中有种粗野带来的力量，虽然既不成熟也不敏锐，但却更包容和神秘；一种更虔信而非反思的力量，是感知而非创造；一种既不需要他人理解也不被限定的力量，逍遥自在，好像山峦伸展起伏；

图 3-9　位于意大利卢卡的圣米歇尔教堂及正门上部

不在确定的形式中展示和留存。它不会把自己埋葬在毛茛叶饰 ① 之中。它的形象来自风暴与山峰，与地球的昼与夜有相似之处。[6]

十六、我在铜版插图一之图示 3 中已经试图描绘威尼斯圣马可教堂正门额枋上的一组空心石球，它被仿若飘动的叶饰所围绕，形成一系列连续的变化。在我看来它那一致的轻盈、精致的细节和光的宽度，具有单纯的美。看上去仿佛它的叶片曾经纤弱，它曾生长而出，由于突然的触碰而含苞于蓓蕾中，现在重新回落到它们原生的队列中。卢卡的圣米歇尔教堂 ②（图 3-9）的檐口，如果从拱的上方和下方来看，如铜版插图六，显示了排布在表面上的沉重的叶饰和粗壮的茎秆效果，这个表面的曲线是一个简单的 1/4 圆，光从它们的上方转过之后就消逝了。就我看来很难有比这更高贵的东西了：我更真诚地坚持宽广的排布，因为，之后它由更高超的技巧修正，就成了哥特建筑设计最丰富的特征部件。柱头，如铜版插图五，是威尼斯哥特建筑最优雅的时期；很有意思的是叶饰雕饰得如此华丽，完全从属于光与影两种体量的宽度。威尼斯建筑师以一种如同威尼斯周围海域波涛般不可抗拒的力量所做的一切，在阿尔卑斯山另一边的哥特建筑大师们则替代以一种或多或少更保守、拘束和冷淡的手法，但是他们对普遍伟大法则的遵循却一点也不少。北方的冰骨针和它那破碎的阳光似乎反映在这些作品中，并对其有所影响；在意大利人的手底，这些叶子卷曲飘动，躬身弯倒在黑影之中，如同被正午的烈日晒得萎靡，而在北方则仿佛被冰霜所侵蚀，边缘皱缩，如悬挂露珠般晶莹闪烁。但是统领性形式的调和在两者之中的表现程度丝毫不弱。铜版插图一之 2，是铜版插图二圣洛大教堂（Cathedral of St. Lo）

---

① 指柯林斯式柱，是古典柱式中最繁复的柱式，典型特征为刻有纤细凹槽的柱身，以及毛茛叶饰和涡卷装饰的柱头。——译者注

② San Michele of Lucca，位于托斯卡纳的卢卡，建于古罗马论坛遗址之上，直到 1370 年一直是当地议会的驻在地。——译者注

山墙的顶端饰。这的确与拜占庭宫殿的感觉相似，在圆柱顶板下由四个蓟花叶片分枝环绕，它们的茎秆，向外弯曲，并在梢头垂落回来，将它们锯齿形的刺投入完全的光亮中，形成两个尖锐的四叶形饰。我无法靠近这个顶端饰来仔细观察这些叶刺雕饰得有多精美；但我已经在边上绘制了一组自然界中的蓟花，读者如果比较其类型，就能看出它们以何等精巧的程度从属于整体的宽广形式。早期库唐斯教堂的小柱头，如铜版插图十三的图示 4，元素更简单，更清晰地展示了这一原则；但是圣洛小尖塔是发展成熟的火焰式中仅有的千分之一的例子，宽阔的感觉维持在微小的装饰中，而非它迷失在整体设计之中，有时变幻莫测地彻底更新自身，正如丰富了科德贝克和鲁昂大教堂的门廊的圆柱形壁龛和基座那样。铜版插图一的图示 1 是鲁昂大教堂最简洁的样式；在更精致的门廊中，有四个突出的面，被飞扶壁分割成为八个圆角花窗部分；甚至外部柱子的整体体量也是用同样的感觉来处理的；尽管部分是以凹入的退进构成的，部分以方形柱构成，部分依古犹太圣堂样式，仍然将自身排布成整体雕饰繁复的圆形高塔。

十七、此处我无法论及关于更大型雕刻饰面的排布的有趣问题；也无法论及引起圆塔与方塔之间显见的不同比例的起因；也不能论及为什么在圣·安杰罗城堡（图 3-10）、切契利亚·梅特拉陵墓（图 3-11）或者圣彼得大教堂穹顶上，柱或球体拥有丰富的装饰而立面装饰却与之不相称。但是前文所说的用平整外立面来塑造神圣感的偏好，同样强有力地适用于那些弧形的建筑；必须记住，我们目前考虑的是这种神圣感和力量如何以次要分割来实现，而不是要讨论较低形式的装饰特征，这种装饰在某种情况下可能干扰更高形式的宁静。尽管我们所检视的例子主要以球形或圆柱形为主，我也不认为宽广度只能用这种形式来塑造：许多高贵的形式是以柔和的弧度来达成的，有时弧度几乎不可察觉；但必须有某种程度的弧度，为了确保以较小的光的体量来实现尺度的宏

图 3-10　圣·安杰罗城堡

图 3-11　切契利亚·梅特拉陵墓遗址

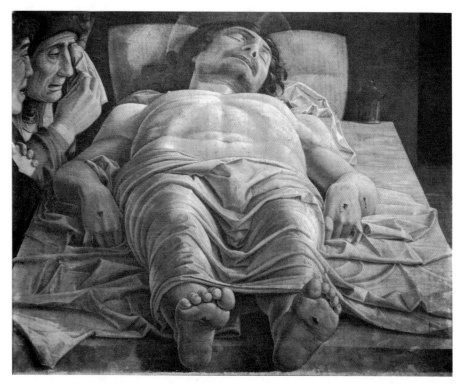

图 3-12　意大利帕多瓦学派画家安德里亚·曼特尼亚的著名画作《哀悼基督》，
　　　　　为短缩技法的代表作

伟。一个艺术家和另一个之间在技巧上最显著的区别可以从他们各自对
弧形表面的微妙感知看出来；展现外表面的透视，短缩法 ①（图 3-12）
和各种波折起伏的完整力量，或许是工匠的手和眼最终极和最困难的一
种成就。例如：或许没有什么树能像黑杉树那样干扰风景画家了。我们
很少看到它被描绘，除了在漫画中。我感觉到仿佛这种树长在一个二维
平面上，或者作为树的剖面存在，它的一丛主枝根据另一边的情况而对
称。它被认为过于严肃、难以控制且丑陋。如果树像画中这样生长，看
起来一定是丑陋的。但是这种树的力量不在于其枝形吊灯般的剖面。它

———————————————

① 　Foreshortening（短缩法）是由透视所导致的视觉效果或视觉幻象。——译者注

图 3-13　威廉·埃蒂作品《耶稣向抹大拉的玛利亚显形》

的力量在黑暗、扁平和固定的树冠之中，它以强有力的枝干伸出，在上方轻微弯曲如同伞盖，像一只手一样伸展到尽头。只有这种统治性的原则得到确保，才能画出锋利、如草一般错综复杂的黑杉树叶；在接近观看者的树枝中，它的短缩法就像一座宽阔的山峦，山脊在确定的距离连绵不绝；手指般的末端，短缩成彻底的钝角，要求表现它们的时候有一定的精致度，如同罗杰斯先生①珍藏的提香风格画作中玛利亚放在花瓶上的手那样②（图 3-13）。只要能准确刻画树叶的背面，树就刻画成功了；但我无法举出某个切实做到这一点的艺术家。因此，在所有绘画和雕塑中，是圆润的力量，完美柔和地使所有低一层次的体量保持了

---

① 罗杰斯指塞缪尔·罗杰斯，见第二章第二十二节注。——译者注

② 指塞缪尔·罗杰斯珍藏的英国画家威廉·埃蒂（William Etty）的作品《耶稣向抹大拉的玛利亚显形》。抹大拉的玛利亚原是一个生活放荡的妓女，后来在基督的感召下痛改前非，成为基督忠实的信徒。威廉·埃蒂的作品与意大利著名画家提香在风格上类似，因此作者将他与提香类比。——译者注

神圣感，因为它遵循了自然之真谛，这也要求工匠拥有最高超的知识和技能。一个高贵的设计可能总是能由叶片的背面来展示，而正是由于牺牲了表面的宽广和精致而采用尖锐的边缘和繁复的切削，毁坏了哥特式的线脚；正是用线条来代替光影，毁坏了哥特式的花窗。无论如何，这种变化，当我们观察过后者体量的主要排布形式时，我们应能更深切体悟：这种体量单薄平整，而且只体现阴影。

十八、我们已经在前面提到那些由繁复的材料构成的、覆以昂贵手工的墙的表面，是如何变成基督教建筑师们独特的趣味主题——这种模式我们将在下一章中探讨。它宽阔平整的光亮只能用有力的阴影的点或体量来显示价值，这被罗曼式建筑师采用，通过后退的拱廊面域来实现，然而在处理这种形式时，尽管所有的效果取决于因此获得的阴影，如同在古典建筑中那样，我们的眼睛依然被那些突出的柱、柱头和乏味的墙壁所吸引，如铜版插图六。但通过增大窗子，比如在伦巴底和罗曼式教堂中那样，通常只比拱形的裂缝大不了多少，通过镂空，呈现了更简单的装饰模式，从内部看构成光的形式，从外部看构成阴影的形式。在意大利花窗上，人们的眼光无一例外地聚焦于镂空的黑影形式上，整体设计的比例和力量都依靠这一点。其实在大多数早期的优秀例子中，镂空之间的空间填满了精美的装饰；但是又对此类装饰有进行很大抑制，这样它就不会干扰黑影体量的简洁和力度；在另一些例子中则完全没有此类装饰。整体的构成取决于阴影的比例和造型；没有什么能比圣米迦勒菜园教堂 ① 或者乔托钟楼 ② 顶部的窗更精致了，如铜版插图九。

---

① Orsanmichele，圣米迦勒菜园教堂（Or. 源自意大利语托斯卡纳方言词汇 orto 的缩写），是意大利城市佛罗伦萨的一座教堂。该教堂的地基原是圣米迦勒修道院的菜园。——译者注

② Giotto's Campanile，乔托钟楼是位于佛罗伦萨圣母百花大教堂旁边的一座独立式塔楼，由乔托设计而得名，是佛罗伦萨哥特建筑的杰出代表，以繁复的雕饰和彩色的大理石外饰面著称。——译者注

由于整体效果完全取决于此，因此要画出意大利花窗的轮廓是无用的；如果想要描绘其效果，最好标出黑色的区域，把剩余部分去掉。当然，如果我们要获得该设计的准确效果，描出它的线条和线脚就已足够；但建筑的匠作很多时候并无意义，因为他们没有为观众提供任何有助于判断其设计意图的排布。如果看了佛罗伦萨圣米迦勒菜园教堂（图3-14）繁复的叶饰尖端和间隙的建筑设计图纸，没人能够明白这些雕刻与建筑的真实结构毫无关系，只是一些附加上去的藻饰，并且，只要对一块石板进行一些粗糙的切割，就能立刻达到建筑的主要效果。因此，我已经在乔托设计的图上，试图特地标出这些设计意图的要点；在那里，如同所有其他例子一样，一种形式优雅的黑色阴影躺在石头的白色表面上，如深色的树叶躺在雪地上。因此，正如前面所观察到的，叶形饰这个名字普遍适用于这样的装饰。

十九、为了获得完整的效果，很显然在处理玻璃的问题上需要更多的谨慎。在最精美的例子中，在塔楼上或在外部拱廊上——比如乔托塔楼、比萨大教堂的公墓或威尼斯总督府——花窗是透的；只有这样它们完全的美才能展现。在英国国内的建筑上，或者需要玻璃的教堂窗户上，玻璃通常总是向后退，衬在花窗的后面。佛罗伦萨大教堂的玻璃就是很明显的例子，它们的投影都是截然分开的线条，这样在大多数光线下就形成了双层窗花的光影。在比较少见的例子中，玻璃布置于花窗中间，比如圣米迦勒菜园教堂——后者的效果是半毁的：或许大师奥卡尼亚① 对表面装饰的过分关注，也与如此布置玻璃的方式有关。与此不同的是，在后期建筑中，先前总是折磨着大胆创新的建筑师们的玻璃，被认为是一种使花窗线条更纤细的良好手段；比如在牛津大学墨顿学院

---

① 原名 Andrea di Cione di Arcangelo（约 1308—1368），通常被称为 Orcagna，意大利画家，雕刻家及建筑师，活跃于佛罗伦萨。他曾任佛罗伦萨圣母百花大教堂的顾问，并主持奥维尔托（Orvieto）大教堂立面的建造。——译者注

图 3-14　位于佛罗伦萨的圣米迦勒菜园教堂

图 3-15　牛津大学墨顿学院建筑

（图 3-15）窗户的最小的分割上，玻璃从窗花隔条的中轴线处前进了两英寸（在更大的空间里通常放在中间），这是为了防止阴影的深度过深而消解了明显的间隔。[7]这个花窗效果的轻盈度要多亏了这一看似不重要的设计。但是，通常来说，玻璃总是会毁掉所有的花窗；如果非要有玻璃，人们总是希望它们能够恰如其分地处于花窗格子中间，实际上人们总是希望最精美的设计不使用玻璃。[8]

　　二十、根据我们目前的探究，利用阴影来装饰的模式在北方和南方的哥特建筑中都一样常见。但在执行各自体系时，两者顿时分道扬镳。南方建筑师有足够的大理石可用，又被古典装饰耳濡目染，因此他能够把花窗的间隔精雕细琢成为叶饰，或者把他的墙体表面用雕镂的石块来装饰。北方建筑师既不了解古代作品，也不拥有细致的材料；他别无他法，只能把他的墙面填满了切口，切割成像窗子的叶形饰。他这样的处置通常十分笨拙，但同时又有种充满活力的构成，常常依靠阴影来显出效果。当墙面很厚且无法切透时，叶形饰洞口通常会很大，阴影无法填满整个空间；但无论如何，北方建筑师还是以此种手法吸引了注意力，并且在有可能的时候，升起的三角楣的屏障会干脆切透，比如在法国巴约教堂西立面；为了确保即使在一道直射的低角度正面光中阴影都有很大的宽度，每个例子的切削都很深。

铜版插图七中上面一幅图显示的拱肩，来自法国利雪大教堂西南入口；这是诺曼底地区最古雅和有趣的门洞之一，或许在共济会的持续行动①下，它很快就要被毁——他们之前已经毁掉了北塔。建筑的整体非常粗糙，但充满力量；与之相对的拱肩拥有不同但平衡的装饰，调整得非常不精确，每个玫瑰花饰和星形（状如五角放射形图案，现在已经损毁得厉害，但在上部看起来曾经是这样）都在单独的石块上切割，准确地嵌入而没有太大差异，它尤其证明了我前面坚持的观点——早期的建筑师完全忽略了位于中间的石头的形式。

由拱券和支柱都在左边的拱廊，形成了正门的侧翼；三个外部的支柱承受拱肩里的三种形式，如我绘制的那样，每根支柱都支撑一个内部的拱，在上部以四叶形装饰，凹入雕刻并填充叶片，整个构成精美如图画，充满奇妙的光影效果。

有时，穿透形的装饰——方便起见如果可以这样命名的话——维持了他们粗粝而独立的特征。随后它们重复并扩大，逐步变浅；随后它们开始汇聚到一起，其中一个吞噬，或悬挂在另一个之上，像吐出的泡泡——如铜版插图七图示4，巴约教堂的拱肩，看上去似乎它们都是从一根管子里吹出来的泡泡：最后，它们聚在一起失落了各自的特征，使人们的注意力集中于分割花窗的线条，像我们之前所看的窗子那样；随后来的是巨大的变革，以及哥特式力量的落幕。

———————————

① 共济会属于一种秘密结社，允许持有各种宗教信仰的没有残疾的成年男子加入，但申请者必须是有神论者。共济会的理论明显继承了诺斯提教派的宗教思想（Gnosticism，基督教公开时期和基督教进行斗争的各种希腊化教派的总称，公元1世纪兴盛，4世纪因基督教压力而崩溃，剩余势力成为秘密宗教）。——译者注

二十一、铜版插图七图示 2 以及图示 3，其一来自靠近维罗纳圣安娜斯塔西娅教堂的一个小礼拜堂的星形窗的四分之一，另一个是来自帕多瓦圣埃里米塔尼教堂的一个非常独特的例子，和图示 5 比较——鲁昂大教堂十字耳堂的塔楼装饰，清楚显示了早期北方和南方哥特的相似状况。（附录十）但是，正如我们曾经说过，意大利建筑师对装饰墙面不觉尴尬，也不像北方人那样，不得不复制那些镂空；于是他们成功地在较长时间内把握了这一体系；随后他们增加了装饰的细致度，维持了平面的纯洁。然而使装饰过度精致却是他们的弱点，使得文艺复兴思潮另辟蹊径，进行突破。像古罗马人那样，意大利人因奢华而堕落，只有威尼斯学派那些宏伟的例子除外。这些建筑始于过时的奢华：它建立在拜占庭马赛克和回文饰（Fretwork，图 3-16）的基础上；随着愈加严格的法则修正其形式，它把装饰逐步舍弃了，最终为（英国）国内的哥特树立起典范，如此宏伟和完整，拥有如此高贵的体系，在我的脑海中，

图 3-16　希腊回文饰常见样式

我无法想起还有什么现有建筑能够像它一样表达对神的敬畏。[9]我甚至未将希腊多立克柱式列为例外：多立克并未抛弃任何东西；即使14世纪的威尼斯人都抛弃了许多，在连续的几个世纪里，接连抛弃了艺术和财富可以给予它的许多辉煌。它放下了皇冠珠宝，褪去了金碧辉煌，仿佛帝王宽去御袍；它放弃了自己的努力，仿佛一个运动员躺下休息；曾经异于常规或美轮美奂，它立刻将自己束缚于神圣不可侵犯的自然法则中。除了自身的美和力量之外，它什么都不保留；它的美和力量是最高超的，也是最克制的。多立克柱槽的数目是不规则的，而威尼斯线脚是不可更改的。多立克装饰样式不允许任何假装；它有如隐士之斋戒——而威尼斯装饰拥抱，同时也统领，所有动植物形式；它是人类的自我节制，是亚当对万物生灵的掌控。除了威尼斯人对他们的丰茂想象施加的铁一般的克制以外，我不知道还有什么曾使人类权威留下如此宏伟的印记，人类思维充满了飘动的叶子和火焰般的生命，同时伴随着宁静肃穆的克制，他给予这些思想一种即刻的表达，随后以巨大的杆件和平整的石刻叶饰克制了这一思想（附录十一）。

威尼斯建筑师进行这些设计的力量完全依靠在视野中维持阴影的形式。与将注意力集中在装饰上和石材上远远不同的是，他逐个抛弃了后者这些因素；当他的线脚达到了造型最匀称的秩序和对称——最好的例子是鲁昂大教堂的花窗（比较铜版插图四及八）——他把花窗中间的叶饰收得非常平，富有装饰，或完全不装饰，用三叶饰（威尼斯福斯卡里宫），或倒圆角（总督府），装饰有迹可循而不过分，四叶饰切削得如此锋利，仿佛是抠去一张邮票后留下的空洞，它所有四个黑色叶片，即使从很远的地方亦引人瞩目。没有花饰的节点，也没有任何形式的装饰，能够干扰其形式的纯洁：叶形饰通常很尖锐；但在福斯卡里宫上略缩短了些，而在总督府上则替换成一个简单的球形；但凡有窗玻璃，如我们先前所见，都是放置在石雕的后面，这样就不会有光影闪烁

干扰其深度了。腐朽的形式，如卡萨多罗宫①（图 3-17）和皮萨尼宫②
（图 3-18），和另外几个例子，仅仅显示了平庸设计所能展示的威严。

图 3-17　威尼斯运河边的卡萨多罗宫

---

① Ca'd'Oro，又名 Palazzo Santa Sofia，由康达里尼家族于 1428 年到 1430 年兴建，威尼
斯大运河上最古老的宫邸之一，外墙面曾饰以鎏金和彩色大理石，因此俗称"黄金宫"。
建筑师是乔瓦尼·邦和其子巴特鲁姆·邦。——译者注
② Palazzo Pisani Moretta，是威尼斯大运河上又一座历史悠久的宫邸。——译者注

图 3-18　皮萨尼宫

　　二十二、这就是早期建筑师对于光与影两种体量的处理方式的主要可追溯的情形；其一是用渐变，其二是用平整的表面，两者都有宽度，这成了建筑师尽其手段所能寻求和展示的品质了，直到我们之前所说的那个时期，线条被体量所取代作为建筑表面的分割。我在前文已充分阐述了有关花窗的主题；但是我依然有必要就线脚再略加引申。

早期的作品中有大量由间隔的方柱和圆柱构成的例证，通过各种不同的方式联接和构成比例。当有凹入的切割时，比如巴约大教堂美丽的西门（图 3-19），它们通常位出于圆柱之间，露出于宽广的光线之中。在所有的例子中，人的注意力都集中于宽广的表面，通常都在极少数几个地方。随着时间推移，一道不起眼的脊出现在圆柱的外缘，在其上形成一条光的线条，破坏了它的渐变。起先很难发现（就像鲁昂大教堂北门的间隔涡卷一样），它像蓓蕾一样逐渐萌发而出：起先在边缘很锐利；但随后愈发突出，被截断，成了卷筒表面上一条明确的平椽。到此还不停止，它向前继续推进直到圆柱本身从属于它，最终消失于它旁边的一个微小的隆起，而凹陷则始终在其身后退得更深，范围更大，从

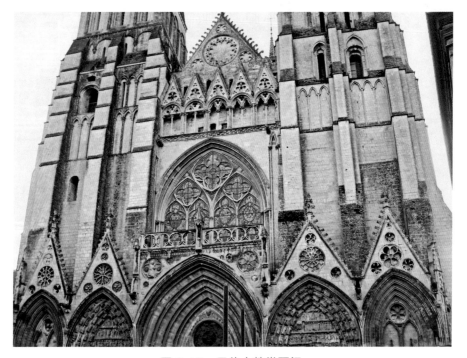

图 3-19　巴约大教堂西门

一系列的方或圆的体量直到整个线脚变成了一系列的凹陷，边缘由精美的平橡装饰（请注意，形成了锋利的光的线条），对此，人们的目光将毫无疑问地停留。当这些发生的时候，一个类似的——尽管缺乏整体感的——变化已经影响了花饰本身。在铜版插图一的图示 2（a）中，我绘出了鲁昂大教堂的两个十字耳廊。可以看出人们的注意力如何集中于叶饰的形式，如何集中于角上的三颗莓子上，它们处在光亮之中，正如三叶饰处于黑暗中一样。这些线脚几乎附着于石头；非常轻微地，尽管锋利地，被削去了下部。随着时间发展，建筑师的注意力，与其说是集中于叶饰，已经转到茎秆上。后者被延长了［图示 2（b），圣洛教堂的南门］，为了更好地展示它们，后方切削出深深的凹陷，以便将这些茎秆更好地抛出于光亮之中。这一体系后来发展得愈加错综复杂，直到在博韦主教堂的十字耳廊，出现了托架和火焰窗，由细小的枝条组成，没有任何叶饰。无论如何，这种发展了一半的奇思妙想的确有相当的特色，叶饰实际上从未被普遍放弃，在环绕同一些门的线脚上，叶饰美丽地排布着，但是它本身通过粗糙的肋条和纹理被处理成线形，通过扭转，将边缘变得简洁，总是留有大的间隔空间以容纳交织的茎秆［图示 2（c），来自科德贝克］。三叶饰的光亮形体由莓果和橡实构成，尽管价值有所贬损，却从未在晚期活跃的哥特中失落。

二十三、能够探究这一不断腐朽的原则的衍生结果一定很有意思；但是我们所见的已经足以让我们得出实际的结论——这个结论，人们已经感受到了成千次，且被每一个有所实践的艺术家的经验和教训重申了无数次，但是重复得不够，人们的感受依然不深。关于艺术创作已经写了太多论著，在我看来十分徒劳，因为创作是无法教授的；因此，我并未触及建筑力量的最高元素；也没有论及建筑对自然形式的模仿之中的特殊限制，这些限制构成了最伟大时期那些最奢华建筑的庄严感。对于这个限制，我会在下一章里论及一二；现在仅仅得出结论，切实有用而确凿无疑，与建筑相关的威严感更多取决于其体块的重量和力度，甚于任何其他设计带来的贡献：任何体量都不仅仅是主体、光、阴影、色彩的总和，更重要的是这些元素的宽广度；庄严不取决于破碎的光、分散的阴影、分割的重量，而取决于坚固的石块、大面积的光照、无隙的阴影。在此处我可能没有过多篇幅尽述这一原则，我可能会落后于时代；无论多么明显地微不足道，这一原则能给予所有建筑特征以力量。钟楼天窗的木百叶，是用来保护其室内不受风雨侵蚀所必需的，在英国通常分成数根简洁处理的十字交叉木条，像威尼斯的遮光百叶，它们的锋利程度如此明显，正如它们在木工手艺上的无趣的精准一样，更有甚者，重复的水平线条直接与建筑的水平线条相冲突。在英国以外，这种屋顶遮蔽风雨的做法通常由三到四个假阁楼屋顶来承担，从窗户内部到外部的窗椽线脚都互相连接在一起；比起糟糕的整齐划一的线条，空间被分割成 4 到 5 个光影的大体量，在上方覆以灰色坡屋顶，弯曲或盘绕成为可爱的涡卷和雕花，覆盖着温暖色调的苔藓和地衣。这通常比石砌本身要赏心悦目，完全是因为它的宽广，明暗对比和简约。这与它有多巨大和普适无关，而是因为它展示了重量和阴影——门廊处突出的坡屋顶，凸出的阳台，空心的壁龛，高大的滴水兽，皱褶的女儿墙；只要把握了幽暗和简约，所有美好的事物就会在时空上追随其后；只需先描绘猫头鹰幽深的双眼，你就已经使其神韵跃然纸上。

二十四、对于必须一再强调那些看上去很简单的东西，我感到很沮丧：也许写这些是老生常谈，但请原谅我，我所说的无非是在建筑实践中普遍认可的原则，它不那么容易让人忘怀，因为这是在真正伟大的艺术原则中最容易遵循的。对其可执行部分的遵守，再怎样认真坦诚地强调也不过分。在这个王国里，只有不超过五个人能设计、不超过二十个人能够雕刻出佛罗伦萨圣米迦勒菜园教堂花窗上的叶饰；但是却有无数乡村工匠都能设计和排列它那幽暗的窗洞口，并且每一个乡村石匠都会切割这样的窗洞。把几片三叶草树叶放在白纸上，稍许调整一下位置，粗略地在大理石板上切割出造型，这比一个建筑师在一个夏日里能画出的花窗要多得多。可能我们英国人的心里爱橡树胜于石头，对橡果比对阿尔卑斯山有更多亲切之情①；但我们所做的都只是卑小而吝啬，如果不是更糟的话——单薄，浪费，没有质感。不仅仅是现代建筑；我们从 13 世纪以来就曾像青蛙和老鼠那样筑窝（只不过仅仅在我们的城堡中）。萨里斯伯利教堂东立面上可怜的鸽孔般的门，有如蜂巢或马蜂窝的入口，相比阿布维尔、鲁昂和兰斯大教堂高耸的拱顶和国王般的门头，或者沙特尔大教堂那粗石的墩柱，或维罗纳教堂那幽深的拱形门廊和螺旋柱，这是多大的反差！对于英国的建筑还有什么可说的？它琐碎的整洁显得多么渺小、局促、可怜、阴郁，而这已经是我们最好的了！这些应该批评和鄙视的状态，在我们看来却是多么司空见惯！我们对正式化的畸形、皱缩的精致、贫瘠的准确、细小的孤僻有多么奇特的爱好，正如我们留在肯特郡皮卡迪广场的粗鄙的街道！我不知道在更重要的作品中怎么能够责备我们的建筑师的贫瘠，大概只能等到我们的街道两边的建筑物能有所改观，直到我们给予建筑一定的尺度和率真，直到我们使窗后退，把墙变厚；建筑师们的眼光对狭窄与细小已经熟视无睹：我们怎么能指望他们立时构想和布置宽阔和坚固的建筑？他们不应住在我们的城市里；在他们可怜的墙上，砖砌毫无生气，仿佛行将就木的修女。一个建筑师应该像一个画家一样尽可能少住在城市里。把他送到山上，让他在那里学习大自然对扶壁和穹顶的理解。在建筑的旧有力量中有一些东西来自隐者而非来自公众。我主要赞赏的这些建筑很多是在高楼大厦的彼此竞争中竖起的，是在公众的愤怒声中建起的：上帝保佑也许是出于这样的原因，我们应该在英格兰的土地上用更大的石头，

---

① 英国盛产橡木。此处作者指英国建筑过多使用橡木。——译者注

钉固更坚固的房梁！但是我们有其他力量来源，我们坚固的海岸和蔚蓝的山丘；有比隐士精神更纯粹圣洁的力量——这种隐士精神曾经用修道院的白色线条点亮了阿尔卑斯山林间的松树，从诺曼底海滩粗粝的岩石中升起秩序井然的尖塔；它也给予了伊利亚避难的何烈山洞穴的庙门 ①以深度和阴影；并从芸芸众生的城市中升起孤傲石头筑成的灰色高墙，与高处翱翔的鸟和宁静的空气融为一体。

注释

[1] 我很欣赏此类简明扼要地给予工匠群体的良好建议——但他们未来五十年的工作大概都会致力于推倒他们本该着手修复的建筑物；并且建造大批量的恶俗的建筑物只为了谋生。

[2] 是的——我敢这样说。但是首先要问你为了什么而喜爱它？喜爱宏伟的建筑是一件事，喜爱一个宏伟的等分或局部是另一回事——而喜爱一间宽大的吸烟室或桌球室，更是完全不同的一回事。

[3] 我从未怀疑过这个论据——但是我从那时起便发现了同一种形式的更有力的形式——罗马城墙外的圣保罗大教堂，这是一座整修过的建筑，但整修得相当优雅而忠于原状，是我所知的欧洲最优雅的室内设计。

[4] "让他如何……让他如何……"，这些都很好；但这些并不是为任何一个画蛋或画牛油烛时会打上足够阴影的建筑师写的——况且这些建筑师也都不在人世了——更别提给卵形线脚或柱子制造阴影了。

[5] 参见伊斯雷克爵士的《美术评论》（关于半浮雕的论文）[Sir Charles Lock Eastlake（1793—1865），19 世纪早期英国画家，收藏家及作家。写作并翻译有多部艺术评论著作，其中包括歌德的《Zur Farbenlehre》（色彩理论）。——译者注]。

[6] 对拜占庭建筑的这种估计最初是由林赛爵士提出的——我认为只有他一人提出过——尽管完全准确，这一观点依然只属于他和我，尽管在书面论证中是完全正确的，尽管我们将此观点向所有对色彩敏感以及对基督教的感触完全来自它的艺术化诠释的人们分享：但在我的这句句子里，自满的希腊人必须被删除。一个高贵的希腊人绝不会满足于没有上帝，就像乔治·赫伯特或者圣弗朗西斯[San Francesco di Assisi（1182—1226），又称亚西西的圣方济各或圣法兰西斯。天主教方济各会和方济女修会的创始人。他是动物、商人、天主教教会运动以及自然环境的守护圣人。——译者注]；一个拜占庭人和希腊人并无区别——只不过以上帝

---

① 何烈山洞穴是希伯来圣经中记载的一处洞穴，先知伊利亚曾在此栖身。——译者注

代替宙斯罢了。

[7] 这个观察很敏锐；并且我认为，那时只有我发现了这一点。我认为甚至在维奥莱·勒·杜克关于花窗的长篇论文中都未触及玻璃的前置或后退问题，我现在更坚定地表达我亲眼所见和所说的，因为反正也已经毫无用处了。假如这些论题仍有意义，我就不需要如此证明我的论据了——现在我只能说——"我向您展示了正确的道路，尽管您不想走这条路。"见下注。

[8] 比如修道院。这种鼓励的唯一结果是最愚蠢的花窗的复制，显得廉价，比如坎特伯雷的教会学校修道院。

[9] 我写了太多片面和不完善的段落；因此如果不结合具体上下文来解读便会产生误解。但是我的书中从未有哪个段落像这一段那样谬误。我写这些文字时并不了解威尼斯的历史；因此将她晚期由种种合力构成的贵族气质误解为整个国家的气质。威尼斯真正的特色在 12 世纪而非 14 世纪：她对拜占庭风格的抛弃意味着她的衰落。见《威尼斯之石》中关于齐亚尼宫的破坏的注解。更甚，尽管我将所有这些方面归结为威尼斯哥特的自我克制，但在涉及它与早先更纯净的风格比较时，我依然想谨慎地提醒读者不要高估它。以下段落引自本书第二版前言，被大众读者过于草率地忽视了："在此我也必须澄清对《威尼斯之石》解读得过于草率的读者可能产生的一个误解，即我认为威尼斯建筑是所有哥特流派中最高贵的。诚然我十分仰慕威尼斯哥特，但只是将其看作许多其他早期建筑流派之一。我之所以在威尼斯建筑上花费如此多的时间，并非因为她的建筑是世所留存的最佳典范，而是因为它在极小的地域内展示了建筑史最有趣的例子。维罗纳哥特比威尼斯的更高贵；佛罗伦萨则更胜于维罗纳。为了直接明确这一问题，我明确表示巴黎圣母院是所有哥特建筑中最高贵的。"

第四章　美丽之灯

　　一、如前一章开篇所述，建筑的价值取决于两个不同的特征：其一是建筑中由人力造就的形象；其二是建筑承载的自然造物之形。我已试图展示了建筑的威严是如何凭借人类的辛勤劳作展现的（它以幽暗神秘的形式在建筑中体现，正如它以忧郁的乐音体现一样）。现在我希望探究一下它的卓越形式中令人愉快的因素，这种因素包含在对美丽形象的优雅演绎之中，主要来自对有机自然之物的外在体现。

　　我们当前的主题并非是要探讨美之印象的终极来源。在先前的一部著作中我已局部表达了对此的想法，我也会在今后的写作中继续深入探求。但由于所有美学问题的探讨只能基于对"什么才是美"的普遍理解上，也由于此类探讨通常假设人类对这一主题的感觉是共通和本能的，我也应该以此假设为基础来进行我的探究；只有对"何以为美"进行了毫无争议的断定之后，我才能试图简要追溯"美"这一愉悦的因素是如何移植到建筑上，美最纯粹的来源是什么，缔造美的过程中应避免哪些错误。

二、人们可能会认为我多少轻率地将建筑之美的因素局限于模仿他物。我并非坚持所有线条的排列都是受自然物体的启发；而是认为所有美丽的线条都是对外在之物最普遍特征的灵活运用；与这些线条的丰富组合相关的与自然造物的相似性，作为一种类型和帮助，应该更努力接近自然，得到更清晰地观察；超过了某个特定的点，哪怕是很低的一点，如果不直接模仿自然形式，人类就无法在美的创造上更进一步。在多立克神庙上，三陇板和檐口没有仿造他物；或只是模仿了人工切割的木材。因此没有人会认为这些构件美丽。它们留给我们的印象主要在其严正简约。我怀疑柱身凹槽并不是树皮的希腊式象征，而是对木材本身的模仿，并且简化地模仿了很多有细小纹路的有机结构。我们很容易在它身上感觉到美，但却是一种低级形式的美。我们的确在它身上找到以真正有机生命形式表现的装饰，但却主要是由人工筑造。再次强调：多立克柱头没有模仿其他物体；但它所有的美都取决于精确的凸弧形线脚，这是自然界弧度最普遍的情况。艾奥尼克柱头（就我看来，这种建筑创造相当低劣）的美无非都来自它对螺旋线的模仿，这可能是有机体和生物的低等形式中最常见的特征。如果没有对毛茛树叶的直接模仿，它的美就再无法向前一步了。

同样：罗曼式圆拱的美丽在于其抽象的线条。它的形态总是提示着天堂苍穹和地平线的意象。圆柱是美丽的，因为上帝也把树的茎干塑造成圆柱形，以此愉悦我们的双眼。尖拱也是美丽的；它是每片树叶的尖端摇曳在夏日熏风中的景象，并且它最雅致的组合也是借自田野里的三叶草造型或三叶草的星形花朵。离此直接仿造，人类的创造便无法更进一步。他所能做的只是把花朵集中起来盘绕在他的柱头上。

三、现在我要特别坚持这一事实，我毫不怀疑更多的例证将使读者更加信服：所有最美丽的造型和设计都是直接取自自然造物；而我也很乐意从反面做出假设，即，所有不是取自自然造物的形式都是丑陋的。我知道这是一个大胆的假设；但是由于我没有篇幅论证美的终极形式如何构成这一问题，如果此处只是一笔带过，则无法对这一严肃的议题深入探讨。我别无他法只能使用这个草率的假设或曰评判美的标准，在读者信服这一点之前，我希望能举出一些能印证这一论断的真相。我说草率的假设，因为完全复制自然的形体是不美的；它仅仅是人类没有真正理解自然而机械造就的美。我相信读者会认同我，即使只从上面举的这些例子；读者认同我的程度必定与读者对随之而来的结论的认可度相联；但是如果读者当真坦率地赞同我，这将能使我确定一个终极重要的问题，即，什么是或什么不是装饰。建筑中有许多所谓的装饰形式由于人们习以为常而被认可，或人们在任何情况下都不会对其表示憎恶，对此我可以毫不迟疑地断定它们不是装饰，而是丑陋之物，其费用应在建筑师的合同里列为"丑化工程"。我相信人们对这些成为惯例的丑化行为带有野蛮的自我满足，就像印度人进行人体彩绘一样（所有国家都有一定程度的野蛮）。我相信我能证明这些丑化行为的丑陋之处，我希望下面我能对此进行一些概括；同时，我用以捍卫我的论据的无非是断定这些丑陋之物是非自然的，读者也必定会倍加认同这些有说服力的论据。然而使用这一论据也有一些特殊困难；它会使作者无端地假设：除了作者看到和想到的存在物，没有什么是自然的。我不会这样假设；因为我认为世上所有可想象的形体或形体的集合都在茫茫宇宙中可循其源头。但是我也有理由认为那些最常见的东西才是最自然的。或不如说，上帝已经把美的特征烙印在日常生活中司空见惯的形状上，使之成为人的本性会喜爱的模样；而在一些例外的形式中，上帝也展示了对其他物质的模仿无关必要性，而是万物调和的一部分。我相信在上述论据的基

础上我们就能推论常见之物为美，反之亦然；当我们知道某件事物是常
见的，我们应能认定它是美的。我们也能认定最常见之物为最美：当
然，我指的是在视觉上常见；对于深藏于地洞中或生命体内部构造之形
式，造物主是不欲使其经常展现在人们眼前的。同样，我指的常见性是
一种有限与独立的常见性，是所有完美之物的特征；而不只是以量多为
胜：玫瑰是种常见花卉，但玫瑰树上的玫瑰花数量却不及叶片那么多。
就美而言，造物主在量大处吝啬节俭，而在量少处慷慨大方；但我认为
花与叶同样常见，正如每样事物都被分配到的恰如其分的量，彼此相得
益彰。

　　四、我要批判第一种所谓的装饰就是希腊回文饰①，通常在意大利
语中称为"扭锁饰"，这是丑的一个切实的例子。由未经搅拌并冷却融
化的金属形成的铋水晶，与回文饰的形态有着完美的相似。但是铋水晶
不仅在日常生活中不常见，而且它的形式就我所知在矿物中也是罕见
的。不仅罕见，而且是由人工手法制成，这种金属本身从未被认为是纯
粹的。我不记得有其他物体或组合与这种回文饰有相似性；我必须信任
我的记忆力——这是就我记得的所有普通事物的外表形式的排布而言。
在这个基础上，我可以断定这一装饰是丑的；或用文学的语言来说，是
畸形的；与人天性能欣赏之物都不同：我认为一个未经雕饰的凸橡或柱
基要比覆以一系列恶俗的直线型装饰要可取得多[1]：除非它确实被用
作叶形饰而成为一个真正的装饰件，它才可能有可取之处；或做得极度
小，比如刻在硬币上，它突兀的排布才不那么显眼。

　　五、我们还能看到希腊建筑中有一种形式经常伴随这种糟糕的设
计，既美丽又糟糕——卵箭式线脚（图 4-1），它始终顽固占据着它的
位置，未被取代。为什么？不仅因为它主要形式的构成部分是我们熟知

---

① 见第三章图 3-16。——译者注

图 4-1　卵箭式线脚

的鸟类的柔软巢穴，而且还是无际的海浪翻涌所冲刷出的卵石造型。它还有一种奇特的准确性；因为这种线脚中被光照亮的体量并非希腊建筑的优秀之处，像伊瑞克提翁神庙的壁饰带一样，它仅仅是一只蛋的造型。它的上部表面是平的，在弧面处有精致和细微的变化——这种变化也不可能得到太高的评价——形成了凿平的、不完整的卵形，十分形似波涛冲刷的海岸上被随机拱出的不规则形卵石。即使不说这种扁平的面，整个线脚也显得粗俗不堪。它的怪异之处在于将圆形的形式插入后退的空洞里，像画出来的大眼斑雉的翎毛，翎毛端部的眼状斑点的阴影过深，看起来像一只蛋放在虚空之中。

六、如果我们继续运用这一标准衡量建筑与自然的相似性，我们很显然能得出结论——所有完美的形态都是由弧线形成的；因为自然形态中很少看到纯粹的直线。然而建筑必须处理直线，在很多情况下都是表达其力量的关键主旨，因此建筑必须常常适应与这种直线形式相应的美的标准；我们也可以认为当这些直线的排列与最常见的自然形态组合相呼应时，我们便获得了终极的美的标准；尽管为了探寻恰当的自然线条，我们有可能不得不粗暴地打断它的饰面，在雕刻和彩绘的表面上打开裂口，检验其内部的构造。

七、我已经批判过希腊回文饰的丑陋，因为除了某种罕有的人工金属之外它缺乏先例来证明其排布。让我们再阐述一种伦巴底建筑的装饰形式，如铜版插图十二的图示 7，完全由直线组成，却有光影的高贵效果。这种装饰来自比萨大教堂正立面，在伦巴底地区的教堂——如比萨、卢卡、皮斯托亚和佛罗伦萨，这是种普遍做法；如果不能为它正名，对这些教堂会形成不利的污点。它本身最遗憾之处乍听起来和希腊回文饰无比相似，也更容易混为一谈。据说它端部的轮廓是由人工手法仿照普通食盐的晶体形成的。然而，相对于铋水晶来说，我们对盐要熟悉得多了，这样一来对伦巴第装饰的指责便减轻了许多。但是它还大大要为自身辩护，主要在于设计主旨；名义上说，它主要的轮廓不仅仿照自然晶体，而且是晶体中最常见和主要的形式，铜、铁、锡的氧化物、铁和铅的硫化物，以及荧光石等物质大多呈此种形态；它表面那些凸出的形状，表现了另一种相关且同样常见的结晶体结构——立方体。这就足够了。我们大致可以确定它是一种可以想到的最优的简洁线条组合，优雅地布置在所有需要这些线条的地方。

　　八、下一个我想要探讨的装饰是我们都铎式建筑的吊闸门（图 4-2）。在自然形态中网状比比皆是，且都很美丽；但要么是用精致的薄纱般的纹理构成，或是用不同大小的网眼和波浪曲线组成。都铎式吊闸门与蛛网或昆虫翼翅毫无相关之处；与之相似的形态，或许只能是某些鳄鱼麟

图 4-2　都铎式吊闸门

壳或北方潜鸟的脊背，但也以不同大小的网状形态呈现出美丽。如果这种装饰的尺度完全展现出来，如果阴影能透过其杆件线条，它的本身自会有一种尊严；但都铎风格却缩减了它，把它放在一个实的面上，从而把这些优点也抹杀了。我认为丝毫无法为其进行辩护。还有另一种丑，突兀而可怕。亨利七世礼拜堂的所有立面雕刻彻底毁掉了它所用的石材。[2]

和吊闸门一样，我们也要谴责所有纹章饰，因为美丽原是其本来目的。因其骄傲和重要性，它占据了恰当的位置，妥当地放置于建筑的显要部位——比如大门上方；或放在那些允许它的传奇形象被轻易看到的地方，比如绘制在窗子上，作为屋顶上的浮雕，等等。当然，有时它所呈现的形态是美的，以动物造型或简洁的象征，比如鸢尾花。但是，纹章饰的复制和排列公然违反了自然，再也没有比它更丑陋的东西了；把它们用作反复排列的装饰将会彻底毁掉任何建筑的力与美。常识和礼仪同样不容许它们重复。将你的门第品级告知进入你府邸的人们诚无不可；但无需到处展示纹章、再三再四地告知，如此会显得尴尬甚至愚蠢。因此，让这种尊号只出现在极少数几个地方，且不用作装饰，只作为铭刻；对于反复出现的构件，不要包括任何独有和常见标志。因此，我们可以反复排列法国鸢尾、佛罗伦萨白百合或英国玫瑰；但我们绝不应该反复排列国王的纹章。[3]

九、据此，如果说纹章饰中有哪个部分比其他部分更糟的话，那必定是格言警句了；因为，在任何与自然无关的物体中，没有什么更甚于字母的了。即使是图像化的碲石① 和长石②，在其最清晰的情况下，也依然不易读。所有字母因此都应被视为可怕之物，只有偶然出现才能容

---

① 碲为斜方晶系银白色结晶。1782 年从维也纳一家矿场中提取出碲，起初误认为是锑，1798 年被认定为一种新元素，命名为 tellurium（碲）。——译者注

② 长石是一种含有钙、钠、钾的铝硅酸盐矿物。有很多种，如钠长石、钙长石、钡长石、钡冰长石、微斜长石、正长石、透长石等，都具有玻璃光泽，色彩多种多样。——译者注

忍；也即是说，文字只能出现在它比外部装饰更重要的部位。出现在教堂里、在小室里、在图像上的题词，通常是恰如其分的，但是它们不应被做成建筑或图像的纹饰；相反，它们对人的眼睛是种顽劣的冒犯，除非它们有宣扬智识之功用，否则不可忍受。因此，把它们放在应在之处，也只能放在那里；让它们清晰可读，而不是上下颠倒、头尾反向。文字的本来美德在于其意义，把文字铭刻得模糊不清就是美的病态牺牲。就把它们书写得与口头宣讲的一般清晰；如果它出现在其他地方，就不要引人注意，也不要用一个狭小的开口和周围沉默的建筑形体来突出它。将戒律书写在教堂的显眼之处，但不要将每个字母写得花里胡哨；记住你是个建筑师，而不是书法大师。[4]

十、文字有时也以书写在卷轴上的形式呈现；在近代和现代的彩绘玻璃上，同样也在建筑上，这些卷轴也同样欣欣向荣地出现在各处，似乎它们也是种装饰。飘带也常常出现在阿拉伯建筑上——以某种更高的形式——打上花体字，或者淡淡地隐显。自然界中有什么类似飘带的东西吗？也许有人认为草叶或海草提供了类似的形态。但它们没有。它们的结构与飘带有着截然的不同。它们有脉络，有解剖结构，有主茎脉或纤维，或某种形式的框架，有起始和终结，有根系和上部，它们的生长和能量使它们能向每一个方向生长，也影响它们形态的每一根线条。芦苇丛随海浪起伏而飘荡，或者悬挂在光滑棕色的岸边，有一种自然物质标志性的力量、结构、柔韧性和柔滑度。它的末端比它的中间部位含有更多纤维，它的中间部位含纤维又比根部更多；它的每个分叉都仿佛经过测量，具有良好比例；每片看似无精打采的叶片都包含着造物主的爱。它的尺寸、位置和功能都恰到好处的；它是一种特别的生物，飘带和它有任何相似之处吗？飘带没有结构：它是一系列相同的切割线条；它没有骨架、没有精心构造、没有形体、没有尺寸、没有自我意志。你可以任意将它切割成你想要的样子。它既没有力量也没有柔情，不能形

图 4-3　佩鲁吉诺画作《圣母升天》

成一种优雅的形式。它也不会飘动——真正意义上的飘动——只能作飘动之形；它不会弯曲——真正意义上的弯曲——只能转折起皱。它粗俗不堪，毁掉了它那可怜的薄片附近的所有物体。决不要使用它。如果花饰不能用系带拢在一起，那就让它们这样松散着；如果你不能把文字书写在木简或书本上，或写在平凡的纸卷上，那就不要写。我知道有些权威与我的观点相悖。我知道佩鲁吉诺①的天使手上的卷轴（图 4-3），拉斐尔的阿拉伯纹饰上的飘带，也知道吉尔伯蒂②那华丽的铜雕花：没用。它们无一例外地丑恶。拉斐尔通常能感到这一点，而使用一块诚实和理性的木板，比如在《福利诺的玛利亚》中（图 4-4）。我并不是说在自然界中有这种木板存在，但是所有的区别在于木板不会被认为是一种装饰，而飘带或卷轴却肯定是装饰。木板，在阿尔伯托·丢勒的《亚当与夏娃》（图 4-5）中，用来写字，虽然丑陋但是能容忍成为一种必要性的干扰。卷轴则延伸为一种装饰形式，不能被容忍，也不被认为是必要。[5]

　　十一、但有人会说，所有对此类组织和形式的趣味都可用布纹褶皱来正名，它正是一种高贵的雕刻主题。这是无稽之谈。皱褶什么时候成为雕刻主题了？是 17 世纪的覆在瓮口的手帕形式，还是在那些低俗的意大利风景装饰中？皱褶通常很容易被忽略；它成为一种趣味只是因为它所承载的颜色，以及它所吸收的外来形式的力量。所有高贵的皱褶，无论在绘画还是雕刻上（色彩和质地目前不在我们考虑之中），即使它们超越了必要性，它们也承担两种重要功能之一：它们是动态和万

---

① Pietro Perugin（约 1446/1452—1523），文艺复兴时期翁布里亚学派画家，他发展的技法是文艺复兴鼎盛时期手法的先驱。拉斐尔是他最著名的学生。——译者注
② Lorenzo Ghiberti（1378—1455），是佛罗伦萨早期文艺复兴雕刻家及金匠，代表作为佛罗伦萨礼拜堂的青铜大门。他同时还设立了当时最重要的雕塑及金属雕刻作坊。——译者注

图 4-4　拉斐尔画作《福利诺的玛利亚》

图 4-5　阿尔伯托·丢勒《亚当与夏娃》局部，左上角绘有一块木板及文字

有引力的组成部分。它们是表达物体动作轨迹的最有效方法，它们几乎是引导眼睛观察抵抗动态的万有引力的唯一方式。希腊人在大部分雕刻中使用皱褶是一种丑陋的必要性，但也使他们愉快地表现所有的动态，夸张地设计皱褶以表达材料的轻盈，配合人的姿态。基督教的雕塑毫不注重人体或甚至厌恶人体，只依靠面部表情，起先引入皱褶作为面纱，但是很快发展了一种希腊人没有发现或鄙弃的表情达意的能力。这种表情的主要元素是从原本应表达情绪的人脸上彻底抹去种种情绪。基督教雕塑的衣袂从人的形体上笔直坠下，沉重地垂向地面，遮住了脚背；而希腊雕像起皱的衣袂则常常被吹开露出大腿。修道士厚重和粗鄙的服饰，如此彻底地与轻薄飘逸的古代衣料相背离，只有简单的分割和

下坠的沉重，他们身上不再有皱痕或次要分割。这样，衣物的皱褶逐渐用来表达安详之态——正如它之前用来表达动态那样——神圣的静谧之姿。风不再吹起衣袂，正如激情不应搅扰灵魂；人物的动作仅用一条弯曲的柔和线条，表达下垂面纱的静止，像一团缓慢的云和随之而来的下落的雨：仅用轻微起伏的波浪线条，它就呈现出了起舞天使的身姿。

经过这样的处理，衣物的皱褶的确变得神圣了；但它是更高精神存在的组成部分。像万有引力的组成部分那样，它有特别的威严，从字面意义上讲，是我们完全表达神秘自然之力的唯一手段（因为垂落的雨水不那么被动，不那么被它的线条所限制）。同样，水在航行中是美丽的，因为它接收了固体的弧形表面，并表达了另一种不可见因素的力量。但是如果皱褶只能展现自己的优点，只为自身存在——比如卡洛·多尔奇 ① 和卡拉奇兄弟 ② 的皱褶——永远是糟糕的。

十二、与卷轴和条幅的滥用紧密相联的，是花束与花环作为建筑装饰；对花的不自然排布依然和非自然之物一样的丑陋；建筑，如果借用自然物体形式，必须像自然之力一样排列花卉，这种关联可能会有利于或表达物体的本原。建筑不会直接模仿自然形态；建筑不会把不规则的藤蔓茎秆缠绕在它的柱子上，以便让枝叶攀援到柱顶，但是它一定会把最华丽的草叶装饰在自然也可能会放置的地方，也会表达茂密和连结的结构，像大自然会表达的那样。因此柯林斯式柱头是美丽的，因为它在顶板下向外伸展，自然也会这样伸展；它的那些叶子看上

---

① Carlo Dolci（1616—1686），是意大利巴洛克时期画家，主要活跃于佛罗伦萨，以大量宗教画著称。——译者注

② 卡拉奇兄弟来自博洛尼亚的一个艺术家族，对巴洛克运动的开端起重要作用。阿尼巴莱及弟弟阿格斯蒂诺，以及表亲卢多维克，一同在巴洛卡艺术作品及理论方面留下大量成果，并于 1582 年创建了 Accademia degli Incamminati 艺术学校。——译者注

去好像是有根的，尽管根不可见。那繁茂的树叶线脚是美丽的，因为它们栖居并蔓延在空穴处，填补了角落，紧扣住椽子，正如自然树叶会填满和包裹的那样。它们并不仅仅是雕成自然树叶的形态，它们经过了计算、排列，以建筑语言表达：然而它们仍是自然的，因此也是美丽的。

十三、我并不是说大自然不使用花环：造物喜爱花饰，并且大量使用——尽管大自然只在极度奢侈的地方使用花饰。在我看来几乎不应在建筑上寻求如此装饰，尽管一条盘旋垂落的枝条可能——如果自由而优雅地排布的话——构成华丽的装饰（如若不然，那它就不是建筑想要的美，仅仅是因为建筑本身的适合性不允许这样使用它们）。但是在下面这个例子上我们能找到什么与自然的相似之处呢：各种各样的花与果的形态，厚厚的一长捆，最厚重的放在中间，两端钉在一面死气沉沉的墙上（图4-6）。很奇怪，据我所知，建造那些真正华丽建筑的最狂野和特立独行的建筑师们从未冒险尝试使用哪怕一个垂落的卷须；而希腊复

图 4-6　两端固定的长捆花果，巴洛克典型装饰

兴 ① 最严肃的大师反而允许此种性感的丑陋部件出现在他们空白的墙面上。这种设计被如此确凿地采用，毁掉了花饰的所有价值。谁在人群中仰望圣保罗大教堂时，会特地注意那些花饰？它极尽繁琐细密之能事，但它对整座大厦毫无助益。它不是大厦的构成部分。它只是丑陋的附加之物。我们总是忽略建筑的这种装饰，如果我们对建筑的解读没有它的干扰，我们应该会感到更高兴。它使建筑的其余部分看来贫瘠——而非宏伟；即使如此花饰也从未享受自身。如果花饰布置在它应该在的地方，比如在柱头上，那它会永远悦目宜人。我不是说在当下的建筑中它应该如此布置，因为当下的建筑任何地方都不适合进行繁琐雕饰；但是如果花饰组合布置在另一种风格的大厦上的自然的位置，它们的价值会更生动地体现，正如它们现在无用的程度一样。适用于花束饰的也同样适用于花环饰。花环应该戴在头上。花环在那里显得美丽，因为我们会认为那是新采摘并被愉快地编起的。但是它不应悬挂在墙上。如果你想要一种圆环形的装饰，就用彩色大理石制作一个简约的环，像多利亚宫或威尼斯的其他宫殿那样；或用星形或奖章形，或者如果你想要一个圆，就用实心圆，但不要雕上花环的图案，看上去好像它们是上次节庆用剩下来，挂起来晾干，下次这干花还要再用一次。那为什么不干脆雕上钉子和钉帽？

　　十四、现代哥特建筑的一个最大的敌人，尽管看起来不起眼，正是附加物，以其贫瘠而显得格格不入，正如花环用它的繁茂显得突兀一样，比如滴水石，形如一个抽屉柜的把手，用在我们称为伊丽莎白式建筑的方头的窗上（图 4-7）。在上一章节，读者应当记得方形的面域通常能显示出卓越的力量，应恰当地使用，限于表现建筑的表面。因此，

---

① 18 世纪晚期至 19 世纪早期主要出现于欧洲北部及美国的建筑潮流，为新古典主义运动的最后一个发展时期。——译者注

图 4-7　伊丽莎白建筑的方形窗头典型样式

当窗子参与构成力量时，比如在由米开朗琪罗为佛罗伦萨里卡迪广场设计的低层部分的窗（图 4-8），方形的窗头是所能想象的最高贵的形式；但是因此它们的空间要么必须被打破，与它们相关的线脚最拘谨，要么方形用作尖顶饰的轮廓，主要与花窗的形式相关联，它的力量的相关形式——圆环，被凸显出来，比如在威尼斯、佛罗伦萨以及比萨的哥特教堂上。但是如果你打断终端方形，或者如果你在顶端切除线条，将它们向外转，你就失去了它的完整性和空间面域。它不再是一个限定性的形状了，而只是一条附加上去的、多余的线条，成了最丑陋的。看看你周围的自然景观，你能否找到任何像起重机一般的滴水石一样弯曲而不完

图 4-8　佛罗伦萨的里卡迪广场

整的物体？你找不到。它是一个怪物。它结合了所有丑陋的元素，它的线条本身就是彻底破碎的，与任何其他形体不连接；它与结构或装饰都不协调，它没有建筑语言的支撑，看起来像是用胶粘在墙上，它唯一令人高兴之处是它看起来好像快要掉下来了。

我或许应该继续，但是这任务实在太艰巨，我想我已经历数了我们现代建筑中那些最危险的虚假装饰，但它们却被普遍接受和认可。个人喜好的野蛮性多不胜数而又可恶；它们拒绝接受挑战，也不值得挑战；但上述讨论的丑陋装饰，有些是对古风的实践，而且全部都有很高的权威：他们压抑和污染了最高贵纯净的风格，在最近的建筑实践中经常出现，以至于我更多的是不怎么满意地以智慧来反对它们，而不寄希望于对这些偏见形成任何严肃的定罪。

十五、以上说的是什么是错误的装饰。那么真正的装饰是什么，当然也能用同样的检验来决定。它必须由精心设计的形式组合构成，它们应模仿或取材于最普遍的自然存在，必能成为最高贵的装饰，代表自然造物的最高秩序。模仿花朵比模仿石块高雅，而模仿动物比模仿花朵高雅；模仿人体比模仿任何其他动物形式都要高雅。但是所有形式都结合在华丽的装饰构件里；石块、喷泉、带卵石河床的奔涌河水、大海、天堂的云、田野里的药草，硕果累累的树、爬虫、鸟、野兽、人、天使，都混杂在吉尔伯特的铜雕里（图 4-9）。

图 4-9 吉尔伯特作品，佛罗伦萨大教堂北门细部

　　既然所有模仿他物的形式都成了装饰，我想提请读者注意一些常见的考虑因素，这里所提出的一切都与美的主题有关；出于方便的考虑，这些形式都应该被归类到以下三个问题里：建筑的什么位置布置装饰最恰当？什么样独特的装饰手法使建筑具有建筑的特征？建筑上模仿他物的形式应当使用什么颜色？

　　十六、1. 装饰应摆在什么位置？对此首先应考虑的是，建筑所能呈现的自然物体的特征是简化抽象了的。自然造物能够时时向人类展示的更精彩绝伦的部分，无法由人工的模仿手法来尽显。人类无法使模拟的草碧绿、清冷，踩上去柔软，这在大自然里本是青草最首要的特性；人类也无法使他模拟的花朵柔嫩、五彩缤纷、馥郁芬芳，这在大自然里本也是花卉令人愉悦的力量。人类唯一能表达的特征无非是某种严谨的形态，人类需要特意去检视，以全面而特定的视角观察和思考，才能从自然之中发现这样的草叶形态：人必须躺卧在草地上，以这种方式细观草叶交织的形态，然后他才会认为这适合用来点缀建筑。就是这样，即使自然无时无刻不赏心悦目，即使对自然造物的观察和感知总是混杂着我们的思维和劳作，并与这种自然造物出现的次数相关，由建筑承载的自然形象也只能由我们以直接的智慧巧思来体现，它是出于我们的需要，无论它出现在哪里，我们都是以一种相似的智慧来理解和感知它的。这是对事物书面固化印象的探索，这是探询的具体结果，和思维的具象表达。

　　十七、现在让我们立刻来考虑，如果连续反复一种美丽思维的表达胜过所有其他感觉，当思维无法理解这种感觉会是什么效果。假如在某个严肃行业的枯燥营生中，某位同事终日反复在我们的耳边重复某些动听的诗句片段。我们不仅将立刻对这种声音感到厌倦，而且在听了一天之后，我们的耳朵已经对这种声音失去感觉，因而这段诗句对我们而言也失去了其本来意义，因此需要一些努力来修复和弥补它。同时，它的音韵也不再有助于手头的工作，而它本身的愉悦在某种程度上被毁了。对于所有以僵化思维创造的其他形式尽皆如此。如果你粗暴地将美呈现给感官，而感官又无法被其吸引，这种表达便无效，它的犀利和清晰将会永远毁掉。更有甚者，如果你表现美，而美却被施以不良影响和干扰，或者你把这种愉快的表达与格格不入的环境联系起来，你就会使这种表达永久染上不愉快的色彩。

十八、让我们把这一理论运用在设计思维如何被眼睛接受。记住眼睛比起耳朵更不会保护你。"眼睛不会选择只会观看。"它的神经不如耳朵的神经那样能装聋作哑，当耳朵休息时，眼睛还在忙着追踪和观察形体。如果你将悦目的形式呈现给眼睛，当它不能动用思维来帮助它工作，在粗鄙的物体和不愉快的位置中，你既不能使眼睛愉悦，也不能美化粗鄙的物体。但是如果你使眼前充斥着美丽的形式，你还野蛮地在美之上附加其他粗鄙的形式，以至于污染了美。它们对你来说就再无用处了；你杀死或亵渎了美；它的新鲜和纯洁已经失落。你本该将它们用更多思维之火来提炼，然后你才能使它重获纯净，用更多爱来温暖它，才能使它复苏。

十九、因此有一种符合人之常情的普遍法则，即使在今日也有独特的重要性——不要装饰那些繁忙或有其他用途的场所。只有那些安详宁静之处才可做装饰；在繁忙劳碌之处，美也是被禁止的。你绝不应该把装饰和正式的工作混同起来，正如你不能混同工作与玩乐一样。先工作，后休息。先工作，再观察，但不要使用金犁头犁地，也不要用珐琅装点账簿。不要在打谷的连枷上雕花[6]，也不要把浅浮雕刻在磨盘上。有人会问，难道我们习惯这样做吗？岂止习惯，这些随处可见。希腊线脚最常见的部件，现如今常常出现在商店的门面上。在我们的大街小巷里，每一个商人的店招、架子、柜台之上的装饰本来都是设计用来装点庙宇和美丽的王家宫室的。装饰出现在这些地方没有一丁点益处。

完全没有价值——完全没有使人愉悦的力量，它们只提供眼睛以俗丽的享乐，使它们自身粗俗。这些装饰本身都是对美丽原型的良好模仿，但我们对它们模仿的成果却丝毫无法欣赏喜爱。许多美丽的木质或石膏串珠饰和优雅的托架出现在我们的杂货店、奶酪店和袜店里，这些生意人为什么不能明白，待客之道只能通过出售优质的茶、奶酪和布匹来体现，人们来到他们的商店是因为他们诚实好客、他们提供优质商品，并不是因为他们在窗户上方用了希腊式檐口，或他们的名字用烫金字母印刻在门面上。如果能够穿过伦敦的街道，扯下那些托架、壁饰和招牌的大字，把这些商人花在建筑装饰上花费还给他们，使这些商店一致呈现诚实和平等，每家店主的姓名都用黑色字母刻在门上，而不必从楼上朝大街吆喝——那该多令人高兴。每家都用一个朴实的木质店招，用小块面板衬在里面，这样人们就不会冒着犯罪的危险非要砸碎它！这样做该有多好——更快乐明智，使他们的信任取决于真实和产业，而不是用虚饰来蒙蔽顾客。很奇怪，我们国家有两种品质，一者是正直，再者是谨慎，然而我们每条大街的装饰体系的基础居然是人们应该被华丽的装饰诱入商店，好像飞蛾被烛火引诱一样。

二十、但是会有人说，中世纪最好的木装饰出现在店面上。并非如此；应该说它们是出现在房舍的正立面，商店只是这房舍的一部分，只是与整幢房屋的自然连续的装饰相统一。在那些世纪里，人们依靠或指望依靠开店来谋生，整日的生活起居都在这幢房子里。他们对这居所感到满意快乐：那里是他们的宫殿和城堡。因此，人们为了让自己整日都能享受居所带来的愉悦而对它进行装饰；他们布置装饰是为他们自己。房屋的上部楼层总是装饰得最富丽堂皇，店面装饰主要围绕门来布置，门更多是属于整幢房屋而不是属于店铺。当我们的商人以同样方式在店铺里安顿下来，并不奢望未来能置一座别墅，那就该允许装饰他们自己的房舍以及店铺，只不过应该以本土风格（我会在第六章深入论述这一点）。然而，我们的城市地界过于宽敞，反而不允许人们终生只生活在一幢房子里。我并不是批评目前的体制，将店铺与住所分离；只有在他们分离之处，才能使我们想起店铺装饰的唯一原因已经不存在了，因此装饰也只能去除了。

二十一、当今另一个奇异的恶俗是装饰火车站。如果世界上有哪个地方剥夺了美的真谛所必须的境界和审慎，那莫过于火车站了。[7]火车站是不舒适的殿堂，建造者唯一可以给予我们的宽厚之处是尽可能明确地告诉我们，如何最快逃离它。火车旅行的整个体系是为那些行色匆忙、因此心情不佳的人们设计的。大概所有坐火车的人都有这种感觉——只有那些去山间林边悠闲度假的人们才有领略美的闲心，而不是那些需要穿越隧道，行驶在河岸间的人们：至少那些在火车站提供问询的人员对美没有那么敏锐。火车就其方方面面的关系而言，是个朴实的产业，目的是尽快到达目的地。它将人从一个旅行者变成一个活的行李包裹。此时他必须暂时告别人的尊严，而像天体般不停运转。不必要求火车乘客有欣赏美的闲心。你还不如要求风来欣赏。安全地带来乘客，再快速带走他：乘客别无他求。所有其他取悦他的方式都只是拙劣的仿效，也是对你试图仿效之物的侮辱。没有什么比装饰铁路相关建构、或装饰铁路附近的细小部件更突兀不当的了。铁路修在道边野外，通向你所能想到的最鄙陋的乡村，必须承认铁路是寒碜之物，除了安全和速度以外，不要添加任何东西。给效率高的仆人大笔薪水，给好的制造商高价格，给优秀的雇工高工资；铁务必硬，砖必须实，火车车厢则当坚固。或许连事物必要特征也无法实现的时代离我们还不很远：那么在任何其他不必要的方面增添花费更是疯狂。不如把金子埋在河岸上，也比装饰车站要好。难道会有哪个乘客甘愿为铁路西南线①支付额外的旅

---

① 伦敦铁路西南线（LSWR）是于1832年至1922年在英格兰运营的一条铁路。——译者注

费，只因为终点站的柱子雕满了尼尼微式样的花纹？那会降低他对大英博物馆尼尼微牙雕的赞赏；或为西北线①多付费用，因为车站屋顶上有克鲁镇②传统英式拱肩？这只能使他更难领略克鲁镇建筑原型的趣味。火车站建筑原本自有一种庄严，如果它只是以本来面目出现的话。你不会给在铁砧上劳作的铁匠手指套上戒指吧。

二十二、并不只是上述这些领域有对美的滥用。现如今几乎没有什么装饰与上述现象无关，都该好好批评。我们有一种坏习惯，把不美观的必要部件隐藏在突兀的装饰中，而在所有其他地方，这种必要部件例行同样的装饰。我只想提一个例子，之前我也略有提及——掩盖小教堂平屋顶通风口的玫瑰饰。这种装饰上的许多玫瑰都设计得十分美丽，借鉴自精美的雕饰件：它们放置的位置却使所有的优雅饰面都不可见，但它们的普遍形式随后都与丑陋的建筑相关联，它们在这些建筑上不断出现；这是取自所有早期法国和英国哥特的美丽的玫瑰饰，尤其是库唐斯大教堂（图 4-10）那些精美的三叶饰的例子，最终丧失了它的赏心悦目，因为我们使用了丝毫无益的欺骗性形式。芸芸众生中没有一个人领受过那些屋顶的玫瑰饰带来的愉悦之光；它们被彻底忽略了，或失落在粗劣空洞的普遍印象之中。

二十三、那么一定有人问，在日常生活的凡俗之物上一定不能寻求美？不是这样，应该在那些能平静观察之处恰如其分地使用装饰；但不应用华丽的形式去遮盖真实的状态和功用，也不应把它硬塞进那些本为辛苦劳作而设的场所。把美设在画室里，而不是匠作间；把它布置在室内家具上，但不要在手工器械上。如果人们只凭这种感觉行事，所有人

---

① 西北铁路 The North Western Railway（NWR）是英格兰早期西北部一家铁路公司。——译者注
② 克鲁镇（Crewe）是一个铁路镇和教区，位于英格兰著名的切舍郡。克鲁是著名的铁路枢纽。——译者注

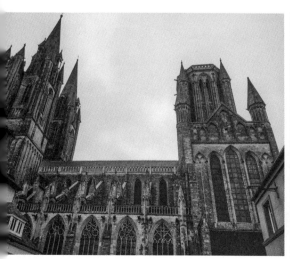

图 4-10　库唐斯大教堂

都会了解什么是对的；如果人只是恰如其分地探求美，而不是允许美于不恰当之处泛滥，那么所有人都知道美应当在何处、以何种形式才能使人愉悦。此刻你可以询问任何一个经过伦敦桥的乘客，他是否在意桥上路灯的古铜叶饰造型，他一定会告诉你，不。把这些叶饰缩小比例，放在同一个人的早餐牛奶壶上，再问他是否喜欢，他一定会回答，是。在牵涉到事物本质真相以及好恶的问题上，人们并不需要谁来教：除了常识，还有恰逢其时其地的情景，没有什么能更准确地评判对美的好恶。美不随场景而转变，古铜叶饰在伦敦桥上是个恶俗的装饰，挪到佛罗伦萨圣三一桥①上也一样；它即使用来装饰恩典堂街②房屋的立面，用来装点某些宁静乡村的房舍也一样。最杰出的外部与内部装饰取决于是否合适人们停留观看。威尼斯的街道上布满装饰是种明智之举，因为没有什么比贡多拉更像沙发了。同样，没有比喷泉更明智的街道装饰物了，无论何处只要有喷泉，恐怕就是人们辛劳了一天能驻足停留的最欢快场所，喷水口停留在池边，接水口深深呼吸，头发掠过前额，垂直的水柱在大理石池边渐渐消退，欢声笑语与水花齐飞，随着水束越来越高而越发欢畅。还有什么比这种驻足之处更让人愉快的——如此充满古典氛围，如此融合田园隐逸式的宁静？

二十四、2. 以上为美应该表现在什么位置。我们接下来要探究什么造型特别适合建筑，以及应该选择什么造型、怎样排列，才能最妥当地模仿自然形态。对这些问题的完整回答可能需要对设计艺术写一部专著：我此处只想就建筑的两个至关重要的条件略加阐述——比例与抽象。这两个特征在其他艺术领域都不是必须的，程度相等。比例感经常

---

① Ponte Santa Trìnita, 是佛罗伦萨一座文艺复兴式的石桥，位于阿诺河上，是世上最古老的椭圆形拱桥，由三个扁圆拱组成。——译者注
② Gracechurch Street, 是伦敦历史金融区的一条主要街道，有大量商店、餐馆和办公场所。——译者注

被风景画家牺牲给人物和情境；抽象的力量则经常牺牲于整体表现。风景画家前景中的花常常不可计数，松散地排布着：能够数得清的东西必然被艺术地隐藏起来，在数量或在处理手法上。而这种明确量化却被建筑师呈现在最显眼之处。将少数特征从许多特征中抽象出来，仅在画家的草图中可见；在他最终完成的画面中这些都被遮蔽或抹去了。建筑则相反，乐于表现抽象而不愿呈现物体的完整形状。比例与抽象因此成为建筑的两个最特殊的标志，而与其他艺术形式相区别。雕塑只能在次要程度上表现此二者；它只能在一方面向建筑形式倾斜——在最杰出的作品中（也确实成了建筑的一部分），或在另一方面向绘画形式倾斜——那时它很可能失去尊严，只沦为花哨的雕刻。

二十五、对于比例已经写了那么多，我相信关于实践使用的唯一事实已经呼之欲出，却被徒劳堆砌的特殊例子和估量所遮蔽。比例像音乐中的咏叹调那般连绵不绝（在其他方面，色彩、线条、阴影、光和形状也是如此）：用优秀作品教会青年建筑师如何真实恰当地营造比例，正如用贝多芬的《阿德莱德》①或莫扎特的《安魂曲》教会青年作曲家如何用数学计算的关系谱曲一样。拥有眼睛和智慧的人能够创造美丽的比例，这是自然不过的事；但他不会比华兹华斯更能告诉我们如何写一首十四行诗，不会比司各特更能告诉我们如何谱写一篇浪漫体诗。但我们可以总结一两条普适的法则，除了用来防止犯重大错误它们实际毫无用处，但是依然值得阐述和牢记；越是如此，在探讨比例的微妙法则中（这种法则永难说清），建筑师会不断忘记或违背它最简洁的必要性。

二十六、关于比例的首要原则是，无论比例存在何处，建构的一个部件应该要么大于、要么以某种形式凌驾于其他部分之上。在均等的

---

① Adelaide, Op. 46，贝多芬代表杰作之一，歌词来自德国诗人 Friedrich von Matthisson 的诗。——译者注

事物之间没有比例可言。它们只能有对称，而没有比例的对称不能成为"建构"。有必要彰显美，但不必使所有组成部分都美，如此才可毫无困难地获得美。均等物体的连贯令人愉快；但是建构必须排布不均等的部件，在营造建构的开始就需确定什么是主题要旨。我相信人类关于比例的所有论著和导则，摆在一起，也抵不过建筑师的一条简单而无懈可击的法则，"把某个部件放大，其余缩小，或者某个部件为主，而其他为辅，然后把它们放在一起"。有时部件之间可能会有渐次的变化，比如在精心设计的房屋的楼层之间；有时是一个君主带领一串侍从，比如塔楼上的许多小尖塔：形式组合可以变幻无穷，但法则却始终如一——一个构件主宰其他，或以尺度，或以等级，或以趣味。不能只有次要尖塔而没有中央塔楼。我们英格兰有多少丑陋的教堂塔楼，在角部有尖塔，在中间却没有！有多少建筑像剑桥国王学院礼拜堂（图 4-11）

图 4-11　国王学院礼拜堂

一样，好像一张桌子底朝天翻过来，四根桌腿直指天空！有人会说，即使野兽也该有四条腿吧。是的，但那不是这种形状的四肢，中间起码还有一个头吧。它们也还有一对耳朵，也可能有一对角，但不是两端都有。把国王学院礼拜堂的尖塔打掉一对，你就立刻拥有了某种比例。在一般大教堂上，你可能会看到有一座塔位于中间，两座在西端；或只有西端有两座塔，尽管这是一种稍差一点的设计：但是你绝不能在西端放两座，东端再放两座，除非你在中间设置某种构件连接它们；即使如此，那些拥有大尺度对称构件、在中间有小构件进行连接的建筑通常都是糟糕的，因为如此一来中央构件就不易突出主体了。鸟或飞蛾可能的确拥有宽阔的翅膀，因为翅膀的尺寸并不足以主宰整体。它们的头部和身躯强大有力，羽翼无论如何宽大都无法喧宾夺主。在那些优秀的教堂西立面上，有一座三角楣和两座塔楼，中间永远是最主要的形体，无论在体量大小或趣味上都是（比如布置主入口），两座塔楼是从属于它的，正如动物的角之于头部。当塔楼升起得过高而凌驾于建筑主体或中央部件，使自身成为主要体量，它们将毁掉比例，除非它们是不对等的，除非其中之一成为教堂的主要特征，比如安特卫普大教堂（图4-12）和斯特拉斯堡大教堂（图4-13）。但更简洁的方法是降低它们相对于中央部件的地位，使三角楣凸显成为联系构件，雕上华丽的花窗，把视线引向它。这在阿布维尔的圣伍尔夫兰（图4-14）教堂上得到了优美的体现，在鲁昂大教堂上有局部的尝试——尽管它的西立面由如此之多未完成和干扰性的部件构成，使得人们猜不透这些工匠的真实意图究竟是什么。

二十七、突出主体的法则对最小的部件和主要形体同样适用：我们会饶有兴趣地发现所有美丽的线脚的排布都是如此。我在铜版插图上，绘出了鲁昂大教堂的一种线脚；它所来自的花窗，先前被尊为北方哥特一种最高贵的形式（第二章第二十二节）。这是一种拥有三种形式的花

图 4-12　安特卫普大教堂主立面

图 4-13 斯特拉斯堡大教堂

图 4-14　圣伍尔夫兰教堂正门

窗，第一种分割成为叶形线脚，如（铜版插图十）图示 4 及剖面中 b
点，和一个不雕刻的凸圆线脚，同样如图示 4 和剖面 c 点；这两个部分
环绕整个窗子或面板，由剖面中另一部分的双面杆件承托。第二和第三
种形式都是跟随花窗线条的不雕刻的凸圆线脚；整个线脚总共分成四个
部分：对这四个部分，正如在剖面中见到的，叶形线脚绝对是最大的；
它旁边就是外层的凸圆线脚；随后，通过一个精美的过渡，最里层的
凸圆线脚（e）就不致被埋没于后退之中，不被中间的最小的凸圆线脚
（d）遮住。每个凸圆线脚都有它自己的支柱和柱头；两个较小的凸圆
线脚在实际效果上能看见，这要多亏了最里面的凸圆线脚的退让，两者
是均等的，比两个较大的凸圆线脚的柱头要小，并稍微举高一些，以摆
在同样的水平。沐浴在三叶饰光影里的墙面是弧形的，如剖面 e 点到 f
点所示；但是在四叶饰中，它是平的，仅仅后退至下方完全的深度，以

便制造一道锐利而非柔和的阴影，线脚掩藏在它身后，以近乎垂直的弧度，在凸圆线脚 e 之后。然而，它上方更小的四叶饰线脚却不能如此处理——它的半剖面如 g 到 g_2；但是由于它的圆形叶饰与下方拱券的轻微凸起相比显得沉重，这显然使得建筑师对此感到困扰：因此他把它的叶尖饰斜过来与墙分离，如图示 2，附着在墙上与圆弧连接处，但它们的尖端从自然水平伸出（剖面中 h 点）达到与第一种形式（g_2）齐平，背后由凸起石材支撑，如图示 2 的侧影，这是我照着相应扶壁表面绘制的（图示 1 是它的一个侧面），在这上面较低处的叶尖饰已经断裂了，显出了其中一个从墙面凸起的残留部分。倾斜的弧线以这种方式包括在侧影中，有着十分的优雅。综上所有，我从未见过如此富有精妙变化的构件，然而又严谨地符合比例，排布妥当（尽管这一时期所有的窗都很精致，尤其在于次要柱头与小杆件的比例）。它唯一的错误在于不恰当地排布了中央柱；对于里面的凸圆线脚的放大，尽管对于这边四个分区这一组显得美丽，却导致了在三个中央柱当中出现古怪的沉重边部构件，这在大多数情况下是糟糕的。在歌坛的窗子上，在大多数时期，这一困难通过把第四种形式做成一个翼角来避免，它只跟随叶饰，而三道最外层的线脚几乎是以数学渐进的尺度呈现的，中央的三连柱当然在前面有最大的凸圆线脚。福斯卡里宫的线脚（铜版插图八和铜版插图四的图示 8），对于如此简单的一组构件来说，其效果是我见过最高贵的：它仅由一个大凸圆线脚和两个从属的小凸圆线脚组成。

二十八、当然不可能在一篇文章的范围内研究我们这个主题错综复杂的部分中所有例子的细节。我只能略为阐述正确做法的主要条件。这一主题的另一要点是把对称与水平部件相关联，把比例与垂直部件相关联。显然对称显示的感觉不仅在于均等，也有平衡：如果有另一事物在它上方，一件事物就无法显得平衡，但如果这件事物摆在它旁边就可以造成平衡。因此，将建筑形体分割，或者建筑的一部分均分为两份、三份或其他等分不仅被容许，更通常成为惯例，所有此类垂直分割都是完全错误的；最糟的是分成两份，次之的是等分的份数更加凸显出平均分割。我认为这一点几乎是青年建筑师应该学习的关于比例的首要原则：但是我想起最近在英国建造的一个案例，它的柱子被中央窗子的凸出的额枋切成两半；经常见到当代哥特教堂①的塔尖被一条装饰带拦腰分成两段。所有最精美的塔尖上都有两条带子，把塔分成三个部分，比如萨里斯伯利大教堂。塔楼装饰的部位被切成两半，并得到普遍接受，因为塔尖形成了第三种体量，使其余两部分成为附属结构：乔托钟楼的两个楼层同样是均等的，但是主宰了下方较小的分割，自身却是上方主导性的第三层的附属。即使这类排布，也很难处理；通常更安全的做法是随着楼体的升高递增或递减分段的高度，比如总督府，它的三个分段是明确的几何递增：或者，在塔楼上，主体、钟楼和冠顶用间隔的比例，比如圣马可教堂的钟楼（图 4-15）。但无论在什么情况下，千万不要均等；让孩子在他们的纸牌屋里玩这样的游戏：自然的法则和人类的设计都与它相抵触，在艺术中如此，正如在政治里一样。在意大利我只知道一座最丑陋的塔楼，因为它竖向分割成均等的部分：比萨斜塔（附录十二）。

二十九、我必须提及的有关比例的另一个原则，十分简单，也通常被人忽略。比例必须是在三个形体之间产生。因此，正如没有塔尖就成不了尖塔一样，没有尖塔也就谈不上塔尖了。所有人都感觉到这一点，而且通常他们认为这是因为中央尖塔隐藏了塔尖和塔身的联系。这是一个原因；但更重要的原因是，中央尖塔在塔尖和塔楼之间提供了第三个体量，这样还不够，为了确保比例，把建筑进行不均匀的分割；至少分

---

① 指哥特复兴建筑，从 18 世纪中叶到 19 世纪中叶主要在英国和美国出现的哥特式建筑的复兴。——译者注

图 4-15 圣马可的钟楼

成三个部分；也可能分成更多份（具体以有利为原则），但是从较大的范围来看我认为分成三部分是立面上最佳的分法，水平向延伸上分五份为佳，也可以自由地一边增加五份，另一边增加七份；但不要再多，以免引起混乱（这是指在建筑上；因为在有机物结构上，数量可以是无限的）。我本想在准备好的一系列作品中，以大量示例论证这一问题，但是我目前只能举一个竖向比例的例子，如铜版插图十二的图示 5 的常见泽泻的花茎，这是个随手绘制的简化的植物轮廓；可以看见它有五个茎脉，其中最突出的那个仅仅是一个萌芽，我们可以只考虑它的四道茎脉之间的关系。它们的长度如 AB，实际等于最低处体量 ab 的长度，AC 等于 bc，AD 等于 cd，AE 等于 de。如果读者有耐心测量这些长度并加以比较，他会发现在半条线段以内，最高处的 AE 等于 5/7AD，AD 等于 6/8AC，AC 等于 7/9AB；一种最精妙的递减比例。从每个连接点迸发出三个主要和三个次要的分支，主次间隔排列；但是主支，在每个连接点的下方叠在次分支上面，在连接点处进行古怪的排列——这一花茎（截面）是钝角三角形；图示 6 显示了每个连接点的剖面。外层的稍暗的三角是低处茎秆的剖面；里面的三角，稍偏左一点，是上部茎秆的剖面；三条主支从后退形成的壁架处萌发出来。如此，茎秆在往高处去的过程中，直径逐渐变细。主枝（在轮廓中，伪装成互相跨越以显示其关系）分别有七条、六条、五条、四条和三条臂肋，像茎秆的主椽；这些分支在比例上使用同样精致的手法。从这些分支的连接点，看上去好像植物的分叉结构，三条主枝和三条次枝会再次萌发，承托开放的花朵；但是，在这些无限复杂的构件中，自然植物允许更多变化；在使用这些手法的植物中，彻底完整的形式只出现在次要连接其中之一。

这种植物的叶子在每边有五根茎脉，正如它的花普遍有五根主茎脉，呈最精致优雅的曲线形态排布；但是我更愿意描绘建筑的横向比例：读者能够在第五章的十四至十六节看到比萨大教堂和威尼斯圣马可教堂的几个例子。我只用示意图表达了这些布置，而不是作为典范：所有美丽的比例都是独特的，它们并非普遍形态。

三十、我们希望引起注意的建筑手法的另一个条件，是对仿造之物的抽象。但是要在非常有限的篇幅内尽述这样一个主题特别困难，因为我们所能找到的现有艺术作品中的抽象，部分是不得已而为之；抽象何时开始成为一种主动行为，十分耐人寻味。在民族和个人的思维演化过程中，最初的模仿尝试总是抽象和不完整的。进一步完整的模仿标志着艺术的进步，但彻底的模仿却常常标志着艺术的衰落；因此彻底的模仿本身常常是错误。但是它并不总是错的，而仅有犯错的风险。让我们试图找出它的危险性在何处，高贵性又在何处。

三十一、我说过所有艺术在开始时都是抽象的；也即是说，它仅仅表达它模仿之物的一小部分特质。弧线和复杂线条由直线和简单的线条来表现；内部形体展现得很少，大多是象征性和约定俗成式的。在一个漫不经心的观众看来，在这个时期，一个伟大国度的艺术作品和无知孩童的作品并无二致，好像滑稽涂鸦。尼尼微雕塑上的树（图 4-16），和二十年前的刺绣样本无异；意大利早期艺术里的人脸和造型几乎让人怀疑是随手画的漫画。我并不想在区分伟大人类婴儿期和其他时期的标志点上停留（它们完全由对模仿之物的象征和抽象构成）；但是当我转到艺术的下一阶段，出现了一种状况，抽象从无奈之举转为自由意志。这在雕塑和绘画上出现，同样也出现在建筑上；我们别无选择只能用更抽象的手法——这适用于更趋现实主义艺术。我相信，它可能只是尽义务地表达了从属性，这种表达根据它们所处的地点和情景所变化。首先必须清楚明确一个问题，究竟建筑是雕塑的框架，还是雕塑是建筑的装饰。如果是后者，那么雕塑首要的用途并不是表现它所模仿之物，而是把某种形式集中起来排列在那些用来愉悦目光的位置上。一旦美丽的

图 4-16 尼尼微雕塑上的树

光影线条和点附加在贫乏的线脚上，或丰富了一成不变的光线，建筑艺术的模仿就成功了；装饰会向完整模仿进步多少，取决于它所处的位置和其他错综复杂的原因。对其特定用途或特殊位置来说，如果装饰被对称布置，这显然是建筑需要它处于从属地位。但是对称并不是抽象。树叶可能雕刻成十分规整的形式，然而却不具有多少仿真性；或者在另一种形式，他们可能布置得随意而松散，但它们各自的处理却具有高度的建筑性。没有什么比铜版插图十三中连接两根柱子的叶饰组合更不对称的了；但是由于这些叶饰的形状都不是一成不变的，而是最低限度地表达了形象，形成工匠所需要的线条，它们因此被处理得高度抽象。看来工匠只需要这种程度的树叶就足以装点他的建筑，不容许再添枝加叶；多少程度才是恰当，正如我前面所说，更取决于所处位置和情景，无法用普遍法则来确定。我知道人们通常不这么想，很多优秀的建筑师会坚持在所有情况下都使用抽象：这个问题太过宽泛艰深，我自忖并无把握完全表达我的观点；但我自己的感觉是，一个彻底抽象的形式，比如我们英国最早期的艺术，并没有为完美的形式提供条件，人们的眼睛一旦看惯了它，便会觉得它的严谨十分乏味。我还没有为萨里斯伯利教堂的犬牙式线脚正名，它的效果如铜版插图十的图示 5，但是我已给予它足够的赞美，胜过它上面的美丽的法国线脚；但即使萨里斯伯利教堂的线脚如此激动人心，我仍不认为有哪一个公正的读者会否认鲁昂大教堂的线脚从任何方面都比它更优雅。我们能看到它的对称更复杂，叶饰被分成两组对叶，每组对叶都是不同的结构。它们的处理十分精细，这些组的其中之一，在线脚的另一边，每隔一个被省去（在铜版插图上不可见，但在凹圆弧线脚①的剖面可见），从而使建筑整体形成游戏般的轻盈（图4-17）；如果读者希望在弧线起伏中发现一种美（特别是在角上），他可能从我拙劣的画中无法判断，但我想他不会期待能轻易找到一个与这个高贵装饰更相适应的抽象的线脚了。

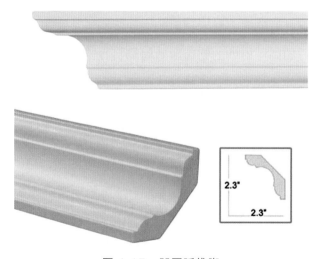

图 4-17　凹圆弧线脚

---

① 截面为 90°弧的凹线脚。——译者注

现在我们能看到，在它的处理中有一种更高级别的抽象，尽管不如萨里斯伯利的那样传统：也即是说，这些叶饰并不比它们的整体走向和轮廓细致多少；它们几乎没有雕刻细节，但是它们的边缘被最柔软细致的弧线连接到后面的石壁上；它们没有锯齿边，没有脉络，在角上没有肋架和茎秆，只在它们的端头有一个优雅的切口，暗示了中央肋架和退隐。整体的抽象风格显示了建筑师完全能够将模仿做得更惟妙惟肖，但却自愿选择停留在这一点上。他所做的也是同类中的佼佼者，因此我倾向于无条件地接受他的权威，只要我能从他的作品中发现这些对抽象主题的最好诠释。

三十二、我们很高兴他的意图得到了明确的表达。这种线脚在侧边的扶壁上，与北门的顶部齐平；因此只有在钟楼的木楼梯上才能看见它；这种设计的意图并不是要在近处被看见，而是为 40 至 50 英尺以外的视线设置的。在大门自身的拱顶上，比上述距离近一半的地方，可见三排线脚，我认为出自同一个设计师之手。其中之一如铜版插图一的图示 2a。可以看到此处的装饰不怎么抽象；常春藤叶有茎秆和相连的果实，每一对叶有肋茎，并有相应的细部雕刻，形式上因而与石壁相区分；而在上方的同一时期的葡萄藤叶线脚，在南门上，锯齿附加在其他纯粹仿真的形体上。最后，在装饰大门部分的动物饰上——这是目光注视的焦点——几乎不再抽象，而是完全写实的雕塑了。

三十三、然而是否是目光的焦点并不是影响建筑抽象的唯一因素。这些动物饰不仅仅因为离观看视角近而显得精雕细刻，它们被置于目光的焦点，因此它们才能被更细心地雕刻——以伊斯雷克先生 ① 首先提出的高贵的原则：对于最高贵的物体，应给予最真切的模仿。进一步说，由于植物生长的野性形态是雕塑不可能达到的极度真实——由于建筑的

---

① 见第三章原作者注 5。——译者注

构件必须在削减数量，必须有整齐的方向，必须脱离根系，即使在最忠实的模仿处理中——局部应该进行何种程度的比例处理以顾全整体形式，我认为这是一个最佳的判断点；并且由于五六片叶子必然表示一棵树，那么也让五到六个点代表一片树叶。但是由于动物普遍需要完美的外形——因为它的形式是脱离建筑主体的而且有可能完整体现——动物雕塑可能更完整，更忠实于其所属部位。我相信这一原则实际上被老一代工匠普遍遵守。如果动物形式是一个兽形滴水（图 4-18），不完整，从一整块石头中半露出来，或者仅有头部，比如在肋架或其他局部，它的雕刻会是极度抽象的。但是如果它是一整个动物，比如蜥蜴、鸟或松鼠，从叶饰间向外窥视，它的雕刻会细致得多，我认为，如果它很小，离人的眼睛很近，用精细的材料，它的形式很有可能极度完整。我们

图 4-18　兽形滴水

图 4-19　佛罗伦萨大教堂南门

图 4-20　威尼斯总督府柱头雕饰

肯定不能期望一个不完整的形体能够给佛罗伦萨大教堂南门（图 4-19）上的线脚以活力；也不能期望总督府柱头上的鸟（图 4-20）失去任何一根羽毛。

　　三十四、在这些限制下，我觉得最完美的雕塑很可能成为最严谨建筑的一部分；但是这种完美在一开始就被认为是危险的。它有最大程度的危险；此刻建筑师允许他自己停留在模仿的部分，他有可能会忘却他进行装饰的职责，忘却这一行为本来是建构的一部分，并牺牲它的光影和效果而让位于细致雕刻的乐趣。于是他就迷失了。他的建筑成了只为展示精致雕塑的框架，而这些雕塑本该全部拿下来摆进展示柜里。因此，青年建筑师应该懂得把仿真性的装饰看作建筑语言中优雅的极致；然而的确不应该首先考虑，不应该牺牲建筑的功能、意义、力量或简洁来获取这种完美——所有完美中最脆弱的一种，尽管是顶级的一种——它独善其身，把自己变成建筑的一种虚荣[8]，尽管，当它和其他构件联系起来时也是最优等训练的思维和力量的标志。我认为更安全的做法是一开始就把所有元素设计成为收敛的抽象，如有必要，准备把它们以这种形式呈现；然后标出那些允许高度装饰的部位，严格参照常见效果完成这些部位，然后以不同等级的抽象尺度把这些部位和其他部位联系起来。有一种避免危险的安全法则是我最后想要坚持的。绝不要以完整的形式模仿自然以外的形体，只有自然才是最高贵的。16世纪意大利艺术的装饰自降身价，并非由于它的自然主义和忠实模仿，而是由于它模仿了丑陋的非自然物体。只要构件限于模仿动物和花卉，它必是高贵的。在铜版插图十一所示的，是威尼斯圣贝内迪托广场的一所住宅的阳台，它表现的是最早期的阿拉伯式文艺复兴，这种纹饰的一个部分见铜版插图十二的图示8。这里只描绘了石作的几枝惟妙惟肖的花卉，在窗的上部逐渐消失了（逐渐地，法国和意大利的农民常常用精致的棚架装点他们的窗子）。这种阿拉伯纹饰，从日久斑驳的白色石头的暗影中纾解开来，必定是美丽和纯净的；只要文艺复兴装饰维持此种形式，它可能受到不同凡响的仰慕。但是当非自然物体与这些装饰联系起来，比如盔甲、乐器，毫无意义的狂乱卷曲盘绕的盾牌，以及其他此类趣味成为装饰的主题，就注定使它走向没落，同时也使世上与之相关的建筑走向没落。

三十五、3. 我们最后的问题是探讨与建筑装饰相关的颜色。

我没有足够的信心讨论雕塑的色彩。我只想提一点，雕塑是为了表达一种理念，而建筑本身是一个实体。我认为理念可以是无色的，任由观看者在思维中变幻不同的色彩：但是一件实体从其本性而言必须有实际特征：它的色彩必须和它形式一样是固定的。我并非据此认为建筑必须是无色的。甚而，正如我前文所说，我认为建筑应该是自然石材的颜色；部分是因为自然色更耐久，同时也因为更完美和优雅。要避免在石材和石膏上留下丑陋和无生机，需要一位真正的画家进行精心排布和判断；在这种合作上，我们绝不能用既定的法则来限定普遍手法。如果丁托列托 ① 或者乔尔乔内 ② 就在近旁，向我们要一堵墙用来绘画，我们必定会以他们的画艺为重而改变我们的整个设计，并成为他们的仆人；但是作为建筑师，我们只能仰赖普通的工匠；以机械劳作的手涂覆的色彩，以粗鄙的眼光调和的色调，比他们切割的石块更糟糕。但后者仅仅是不完善；前者则是扼杀建筑导致不协调。即使是最好的状况，这种颜色比起自然石材美观柔和的色调要丑陋得多——因此我们最好牺牲一点设计上的复杂性——如果这样做能使我们更恰当地运用高贵的材料。如果，正如我们参照自然来塑造相应的形体，我们也向自然学习色彩的排布，我们或许应该理解这种设计复杂性的牺牲是为了成就另一些更好的效果。

三十六、那么，首先我把这种对自然的参照表现在我们应该把建筑看成一个组织化的有机体；在色彩使用上，我们必须先逐个研究组织化的自然生物，而不是研究自然景观的组合。我们的建筑，如果是一件精心构筑的作品，必定会以自然给一种生物上色的方式上色——一只贝壳或一头动物；而不会以自然给一群物体上色的方式上色。

因此我们对自然界中此类例子的观察所得出的第一个重要结论，是色彩从不跟随形式，而是以一种完全分开的体系设置的。我不知道动物斑点的形式和它的解剖学结构之间有什么神秘的联系，对这种联系也没有任何探索：但是仅从表面看来它们两者是彻底分开的，在很多

---

① Tintoretto（1518—1594），意大利画家，文艺复兴代表人物，被称为"愤怒的丁托列托"（Il Furioso）。画作彰显孔武有力的男性人物和富于戏剧性的姿态，并常有大胆的风格化透视，同时依然保持威尼斯画派的色彩与光线。——译者注

② Giorgio Barbarelli da Castelfranco（1477—1510），文艺复兴全盛时期威尼斯画派画家，以画作极度诗意而著称。——译者注

例子里斑点的色彩是随机变化的。斑马的带状纹并不跟随其躯体或四肢的线条，豹子的斑点就更与身体无关了。鸟的羽毛，每根羽毛承接图案的一部分，并随心所欲地遍布鸟身，当然也与形体有某种优雅的和谐，在不同方向消逝或扩大，有时跟随形体，但也经常与其肌肉线条相违背。无论有多少协调性，终究也像音乐的两个不同的乐章，时不时地偶合——从不会不协调，但终究是不同的。我认为这是建筑色彩的第一首要法则。使色彩明显地与形式相脱离。绝不要在柱子上刷上垂直的线条，而要横贯（附录十三）。绝不要给不同的线脚涂不同的颜色（我知道这是异端邪说，但我从不在任何结论面前退缩，无论它们有多么违背人类权威，因为这是得自我对自然法则的观察）；在雕刻的装饰上我不赞成把叶饰或形体涂成一种颜色 [我不能忍受埃尔金浮雕 ①（图 4-21），把它们的背景涂成另一种颜色，而是应该对背景和装饰形体进行一致协调的色彩变化]。请注意自然如何安排一朵杂以不同颜色的花；并不是一瓣红一瓣白，而是一点红和一片白相融，或者无论如何都使两种颜色融合。在某些地方你可以使这两个系统靠近，时不时地使它们在某一两个点上平行，只让色彩和形式像两种不同的线脚那样偶合；有时一致，但每个形式拥有自己的轨迹。因此，单独的构件有时可能拥有单独的色彩：正如鸟头有时是一种颜色而肩膀是另一种颜色，你也可以把柱头涂成一种颜色，柱身涂成另一种颜色；但总体而言，上色的最佳位置在宽广的表面，不在形式上的某个聚焦点上。动物在胸部和背部常有华丽的斑纹，却很少在爪子或眼部；所以，把富丽的颜色鲜明地布置在平整的墙面上或宽阔的柱身上，但在柱头或线脚上则要慎重；在所有例子里，当形式非常复杂时，简化色彩应是一条安全的法则，反之亦然；我认为

---

① 埃尔金大理石浮雕，原为帕特农神庙及雅典卫城其他建筑的组成部分。原有金色涂覆。——译者注

图 4-21　埃尔金浮雕局部

通常而言最好是所有柱头和优雅的装饰用白色大理石雕刻，让其保持素净。

三十七、既然已经确保了色彩的独立性，那么我们应该对色彩采用什么限制性的外形呢？

我很确定任何熟悉自然物体的人绝不会惊讶于自然呈现的任何外观。这便是宇宙的真容。但每当我们看到任何像是漫不经心或未完成的作品时也有惊讶和疑问：这并非常见情形；这一定是为了某些特殊目的而存在的。我相信任何人在研究了那些形形色色的生物形体的线条之后，必然会感到此种惊讶，他必会以同样的勤勉去研究这些物体的色彩。这些形体的界限，无论什么物体，都是用人类的手无法企及的最精微细致的手法绘就的。他会发现许多色彩的例子，尽管被一种大致的对称所限制，但依然是不规则的，斑斑驳驳，不甚完美，有种种意外和缺憾。你看看一只营房贝壳（Camp Shell）的线条纹路，你会发现它的条纹间距有多奇怪。也并不总是这样：有很多偶然的情况，比如孔雀羽毛上的眼状纹，显然很精确，但是仍不及承托这一眼状饰的细丝精致；还有一些例子，色彩有某种程度的松散和变化，更特别的是，在排布上粗糙和狂野，形式怪异。看看鱼的形体有多精致，而它们身上的斑点又有多粗犷。

三十八、那么为什么色彩在这些情形下更美丽，我在此处不予断定；也不想探究我们是否可以这样下定论：上帝的意志不欲使所有悦目之处集中在一件事物上。但很明确的是，上帝总是以简单或粗犷的方式排列色彩，同样可以确定的是，这样看来也是最佳，我们绝不应画蛇添足将其缺陷之处补完。经验教会我们同样的东西。过去的人写过无数胡言乱语主张完美的颜色匹配完美的形式。这两者永远不会也绝不可能结合。色彩，如果要完美的话，必须有柔和的轮廓或者简单的轮廓（它不能精致）[9]；你永远不能给一扇窗的框架漆上美丽的色彩，又在细框上包含人像。你在制造完美的线条的同时将失去完美的色彩。还是用斑点形来表示色彩吧。

三十九、因此我得出结论，所有优雅形体的色彩布局，为其本身考虑，都是野性的；然而用希腊叶饰线脚的可爱线条来绘制一个有颜色的图案，则是一种完全不妥的手法。我在大自然中无法找到任何一种色彩是如此呈现的：它完全不合适。可以在所有自然形体中找到——但无法在任何自然色彩中找到。那么，如果我们的建筑色彩要像它的形体一样美丽，通过模仿，我们必须局限于以下条件——简单形体，限定区域，像彩虹或者斑马那样；雾化或用火焰纹，比如大理石贝壳（Marble Shell）和鸟的羽毛，或者各种形状和尺寸的斑点。所有这些条件（稍有不慎）容易演变成不同程度的锋利和精确，并使排布变得复杂。限定区域可能变成精致的线条，排成棋盘格纹或锯齿纹。火焰纹可能或多或少地明确界限，好像郁金香叶子，最终可能表现为三角形的色块，被排布成星形或其他形状；斑点也有可能升级成为一个明确的点，或者明确成为一个方块或一个圆点。最精致的和谐是由下列简单的元素构成的：其中一些是柔和、充盈、融合的色彩空间；另一些闪耀动人，或深邃富丽，构成亮丽碎纹的封闭组合：完美和可爱的比例可能与它的构成数量和无限的创造力有关；但是，在所有例子中，它们的形状只有在限定其数量并规范其互相作用时才显出效果；某个构件的点或边缘位于其他宽广面之间，等等。三角形和条状因此很方便，或者其他尽可能简单的形状；把观察色彩的乐趣留给观看者——仅限于色彩。弧形轮廓，尤其是边缘明显的，使颜色失去活力，令人困惑。即使对于那些最伟大的色彩画家画出的形体，要么使形体融合在一起，比如克雷乔（图 4-22）和鲁本斯（图 4-23）；或者故意使他笔下的形体笨拙，比如提香（图 4-24）；或者用最明亮的笔触画服装，这样就可以得到独特古朴的图案，比如维罗内塞 ①（图 4-25），特别是安杰利科 ②（图 4-26），然而对安杰利科来说，最出色的用色手法依然逊于其线条的优雅——他从不使用克雷乔式的晕染色，比如"维纳斯和墨丘利"中的小丘比特翅膀的颜色（图 4-27），但总是用最严谨的方式——孔雀羽毛的方式。这些画家中的任何一个都会极度厌恶我们现代彩绘窗子上用作底纹的叶饰和涡卷，但是这些人都被文艺复兴式的设计传染了。我们必须允许画家有选题的自由，并允许他自由挥洒相关的线条；在一幅画里可能显得拘谨的图案，在建筑上却有可能显得奢侈。因此，我相信建筑的色彩不可能过分稀奇古怪或棱角分明；也因此我批评过的许多构成形式，在色彩

---

① Paolo Veronese（1528—1588），意大利文艺复兴画家，活跃于威尼斯。他与提香、丁托列托并称为 16 世纪最杰出的威尼斯画家。——译者注
② Fra Angelico（1395—1455），意大利早期文艺复兴画家，为文艺复兴前期绘画风格转型时期的关键人物。——译者注

图 4-22　克雷乔《神圣的夜晚》

图 4-23　鲁本斯《卡吕冬狩猎》

图 4-24　提香《西西弗斯》

图 4-25　维罗内塞《迦拿的婚礼》

图 4-26　安杰利科的《圣母领报》

图 4-27　克雷乔《维纳斯和墨丘利》

上却是人类能创造出的最美丽的。比如，我总是鄙夷的都铎式建筑，因为这个原因，把所有做作让位于宽广宏大——表面切分成无数线条，却牺牲了唯一有可能使线条美丽的特征；牺牲了所有一直以来弥补了火焰窗之怪异的变化和优雅，而采用一种盘根错节的交叉杆件和竖向线条作为首要特征，尽可能展示了砖砌工筛网一样的体系在设计上的巧思。然而正是这种网状形式可能造就相当美丽的色彩；所有纹章饰，和其他造型丑陋的形式，却有可能因为色彩主题变得宜人（只要其中没有飘动的形状或过度扭曲的线条），观察到这一点，是因为上了颜色之后，它们在空间上仅显示为一种图案，这与自然相似；在它们雕刻的形体上无法找到的，在它们区别其他表面的鲜明图案上却显现出来。在维罗纳大教堂后部有一种明亮美丽的墙绘（图 4-28），由兵器的鞘衽组成，它的承托件是金色圆球套件安在绿色（蓝色褪成绿色？）与白色的杆件上，间隔以方形的红衣主教的冠。当然这只适合英国建筑。威尼斯总督府的立面是我所能想到的公共建筑色彩搭配的最高雅纯粹的典范了。（除了一个例外）雕刻和线脚全是白色的；但墙面是由浅玫瑰色大理石构成的格纹，这些格纹之间十分协调，并于与窗子的形式相适应；但是看上去总好像是墙面先完成而窗是后来切出的开口。在铜版插图十二的图示 2 中，读者可以看到在卢卡圣米歇尔教堂的柱子上，这两种图案使用绿色和白色呈现，每根柱子都有不同的设计。两者都很美丽，但是上图显然更佳。然而用雕刻呈现，它的线条就变得彻底混乱，即使下图也显得不够精致。

　　四十、因此，虽然我们应当限制自己仅仅使用简约的图案，使色彩要么从属于建筑结构，要么从属于雕刻形式，但我们依然还有一种装饰可以加在普遍效果之上——黑白色设计——介于雕刻和彩色之间的一种状态。建筑装饰的整体系统之间的关系可以这样表达：

图 4-28　维罗纳大教堂后部墙绘

1. 有机形式为主。真实独立的雕塑和高凸浮雕；繁复的柱头和线脚；极尽详细之形式而不抽象，要么用纯净白色的大理石，或者极度细心地只涂刷点和边界，而并不与其形体并行。

2. 有机形式为辅。浅浮雕或凹雕。比例上更抽象，深度更浅；轮廓也更呆板和简单；色彩对比更强烈，程度更大，在比例上严格与减少的深度和形式的完整相契合，但是这一体系依然不与形体并行。

3. 有机形式抽象为轮廓。黑白灰设计，轮廓更简约，因此色彩第一次与形体并存；即随着它名义上的引入，整体造型以一种颜色和另一种颜色的背景分离。

4. 有机形式彻底消失。最鲜明的颜色呈现为几何图案或变幻的云雾。

与这些概括相对的，比色彩图案再进一步，我想再略论述下各种与建筑相关的绘画形式：首先，与建筑用途最适合的就是马赛克，在手法上高度抽象，却能大面积展示华丽的色彩；我认为，托尔切洛圣母教堂（图 4-29）是此种形式最高贵的范例，而帕尔马洗礼堂是最华丽的；其次，仅作为装饰的湿壁画，比如阿雷纳礼拜堂；最后，湿壁画成为主要装饰，比如圣彼得大教堂和西斯廷小教堂。但是安全起见，我不能在图像装饰中继续探索关于抽象的原则；由于在我看来，在此种形式最高贵的范例之所以与建筑相适应主要归功于一种古意盎然的手法；我认为抽象和令人仰慕的简洁使它们适合最辉煌的色彩媒介，而这种辉煌并不能以自愿的删减来重获。我认为，如果拜占庭建筑上的人物能画得更好一点，那么建筑本身也许不会仅将其作为色彩装饰；这种用法，像儿童涂鸦一样怪异，无论多么高贵、充满朝气，这种装饰手法如今看来也很难说是合理的，它甚至无法实现。以同样的理由，设计彩绘的窗也有困

图 4-29 托尔切洛圣母教堂墙饰

难，在我们冒险在墙面上开一扇硕大的彩绘窗之前，我们就必须首先克服此种困难。没有此种抽象，图像主题必然成了主要形式，或者在任何情况下，都不再是建筑师的任务；它的排布必然会在建筑完成后留待画家去思考，比如威尼斯那些宫殿里的维罗内塞和乔尔乔内的作品。

四十一、如此一来，纯粹的建筑装饰就可以看成局限于上述四种之一；每一种都不可察觉地向另一种靠拢。因此，我认为埃尔金壁饰带是黑白装饰[10]逐渐向雕刻转变过程中的一个状态，保留了过长的半雕刻外立面。纯粹的黑白装饰，如我在铜版插图六中给出的来自卢卡圣米歇尔教堂高贵的立面示例。它包含了40个这样的拱券，全都覆以精雕细琢的装饰，整体在其背景白色大理石上切刻一英寸左右深，在间隙填塞绿色蛇纹石；这是一种最繁复的雕刻，边缘的嵌合要求极度的细致和精确，当然也需要双倍人工——同样的线条需要在大理石和蛇纹石上雕刻两次。如此，极度简约的形式立刻展现出来；比如动物造型的眼睛，仅用一个圆点来表示，嵌以一小块圆形蛇纹石，大约半英寸深；但尽管简洁，它们常常允许很多优雅的弧度，比如右边柱子上方的鸟颈。（附录十四）蛇纹石在许多地方已经脱落，露出黑色的阴影，比如在骑士手臂的下方和鸟颈处，以及拱券周围的半圆形线条处，曾经充满了图案。我本来可以更准确地绘制这些关键点，重现失落的部分，但我总坚持按照实际状况描绘一样物体，不愿进行任何复原；我特别希望引导读者注意大理石线脚上的雕饰形式的完整，相对于拱券之间的黑白圆球和十字图案的抽象，以及环绕在左侧拱券周围的三角形图案。

四十二、我对这些黑白图案有种极度的喜爱，这是由于它们在我所能找到的所有作品上展现出了精彩的生命力；然而，我相信它们所暗示的这种极度抽象的程度，使我们有必要把它们归入激进或未完善的风格，并且我相信一幢完美的建筑更应该用最完美的雕刻来表现（有机形式为主或为辅），结合平整面或宽阔表面上的图案色彩。而且我们实际上会发现比萨大教堂比卢卡大教堂是种更高的形式，它确实追随这种状态，色彩布置在表面的几何图案上，动物形体和可爱的叶饰则用在雕刻的线脚或柱子上。我认为雕刻形体，当与庄严的彩色花窗形成鲜明对比，便显出了其高雅，而色彩本身，正如我们所看到的，当它以棱角分明的形式出现，总是最鲜艳夺目。因此，雕刻被允许漆上颜色，而颜色与雕琢的大理石的白色与优雅形成最佳对比。

四十三、在本章和前述章节的行文中，我已分别枚举了力量和美的最佳典范，它们都是我从一开始便认定为建筑能留下震撼人心的深刻印象的根基；但是也请允许我扼要地加以概括，以便看看是否有什么建筑能够作为一致的典范，尽可能地代表全体。那么我们回顾一下，从第三章的开头，以及第三章之前的两节中顺便确定的状况，我应能总结出高贵形式的特征如下：

由简洁的终端线条表现的可观尺度（第三章第六节）。上方体量挑出（第七节）。宽阔的平整表面（第八节）。此种表面的方形分割（第九节）。富于变化且外露的砖砌（第十一节）。强有力的深邃阴影（第十三节），特别是以镂空花窗表达的（第十八节）。渐增的比例变化（第四章第二十八节）。水平向对称（第二十八节）。在底座上进行最精致的雕刻（第一章第十二节）。顶部进行数量丰富的装饰（第十三节）。抽象雕刻表现次要装饰和线脚（第四章第三十一节），动物形体的完整（第三十三节）。两者均以白色大理石表现（第四十节）。生动的色彩以扁平的几何图案表达（第三十九节），且使用石材的天然色（第三十五节）。

这些特征或多或少出现在不同的建筑上，不一而足。但是集所有精华之大成，以最大限度互相协调，据我所知，世间仅存一幢——那便是佛罗伦萨的乔托钟楼（图4-30）。在本章开头出现的其上部楼层的花窗图案，而不是它通常展现的瘦高线条，尽管粗糙，无论如何都能使读者

佛罗伦萨大教堂乔托钟楼

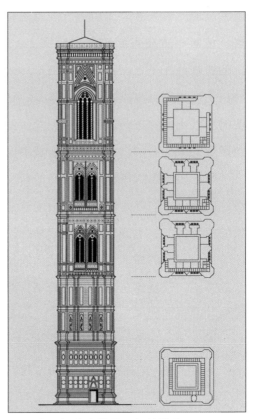

佛罗伦萨大教堂乔托钟楼立面图示
及相应各层平面轮廓

图 4-30

更好地理解这座塔楼的精彩之处。它给陌生人的第一瞥可能有一些令人
不快；对这陌生人而言，它是一种过度严谨和过度精致的混杂。但假以
时日，正如他观察所有其他卓尔不群的艺术那样，他定能领悟这美。我
依然能清楚地记得，在我孩提时，我曾经厌恶这座塔，觉得它光滑的表
面及装饰十分粗鄙。但是我从那时起便在这座塔近旁居住了很久，从我
的窗口注视它在日升月落间的样貌，同样，当我第一次站在萨里斯伯利
大教堂面前的时候，我也不能很快忘记北方哥特的粗野有多深沉和阴
郁。我们很快就能感知这个奇异的对比，那些从静谧的草坪上耸立起

的灰色高墙，仿佛黑暗陡峭的山峰从翠色的湖面上升起，它那粗蛮、颓败、粗粝的柱身，三角形的天窗，在顶部除了马丁鸟的巢以外没有什么花窗或其他装饰，相对比那些明亮、平滑、在阳光下闪闪发光的宝石表面，那些螺旋柱和奇丽的花窗，如此白亮、闪耀、晶莹，它们微小的形体在苍白的东方天空的暗影中几乎无法看到，还有神圣高峻的雪花石，涂成清晨的云色，施以海贝的光泽。如果这正是我相信的最佳建筑的典范和镜鉴，难道追溯建造这座塔的工匠们的先祖的生活，不能使我们学到什么吗？我说过，人类思维的力量生长于蛮荒之地；我们对此种美的喜爱和认知中最美的线条和色晕，莫如上帝所造的每天落日的景象；我们所捕获的灵感的星光，主要来自那些上帝愿意栽种苍松翠柏之处；它并不在佛罗伦萨的城墙内，而是在远离它的百合徽标之地，在那里意大利工匠的先祖学会如何在瞭望塔上放置美丽的压顶石。记住后来他如何成长；估量一下他赋予意大利精神的神圣思想；询问那些追随他的人在他脚下学到了什么；当你历数他的劳作，听取了追随者的证词，如果在你看来上帝确实在美之一物上向他的臣仆倾注神意中超凡脱俗而恣意汪洋的部分，并且如果你认定着这些工匠确实是人子之王，也请记住他的冠冕上同样刻着上帝传给大卫的话："我从羊圈中将你召来，叫你不再跟从羊群。"①

注释

　　[1] 所有这些都完全正确，但我当时写作时还未观察到足够多的希腊回文饰与曲线形式的对比；尤其在花瓶上，以及在布料皱褶的边缘，在桑米凯利［桑米凯利，Michele Sanmicheli（1484—1559），矫饰主义（Mannerism）时期最重要的建筑师及城市规划师。——译者注］本来设计得十分优雅的格里玛尼宫的基座上，

---

① 出自《旧约·撒母耳记下》，7：8：现在你要告诉我仆人大卫说，万军之耶和华如此说："我从羊圈中将你召来，叫你不再跟从羊群，立你作我民以色列的君。"——译者注

始终是审美沦落的标志。

[2]此处也很正确；但对于都铎建筑主要的错误而言微不足道：吊闸门僵硬的杆件和拜占庭网格多变的细丝之间的不同性依然阐释得不足。

[3]这一段落完全是错误的，而且奇怪的是，我在写下这些内容之前对意大利优秀的纹章饰本来相当热爱；但可能是我对我们英国国会大厦的嫌恶导致我在这一论点上过于决绝。我后来的著作中对纹章饰有足够的赞美，可作为此处谬误的反证。

[4]整个第九节同样极度彻底荒谬：并且奇怪的是，在回溯我自己的思维成型过程时，我看到了——尽管所有人都认为我非常有想象力并充满激情——我唯一致命的错误是过于强调常识！关于纹章饰和铭刻的这两节可能是考伯登先生式的错误——或者约翰·布莱特先生式的错误（Richard Cobden 及 John Bright 都是 19世纪知名的激进主义者。——译者注）。

[5]在这一阶段，我从未见过任何桑德罗·波提切利的卷轴作品；但卷轴的使用依然是他这个时代常见的矫揉造作——波提切利这样矫揉十分可爱，但他的同行们却无法效颦。

[6]应该再加上一句："也不要用镶金嵌玉的刀剑战斗"。然而，这一原则却值得商榷。我所见过的最美丽的铁艺是梅西那卖药人捣药的杵和臼（14世纪），或许有一天我们真的会在犁头进行装饰。但无论如何，请看，错误依然在于常识！

[7]依然是过度强调常识！——这次是无可争辩的了。为了公众，为了众多旅行者，把《建筑七灯》关于火车站这部分的内容删去吧。

[8]决不可能。我过于低估了这一事实，现在应该说雕塑先于并主宰所有其他元素。埃尔金三角楣决定了什么是正确——终结了争议。

[9]请忽略括号中的句子。我的意思是，一道锐利或清晰的边缘（并非精致）；但即使这样理解，三十八节和三十九节的大部分依然要看作例外和争论，或许也可以为了不损害整部著作而删去。

[10]更有甚者，应该是二向色觉或二向色性的——肉色或青色。

第五章　生命之灯

　　一、人类灵魂的本质映现在物质创造上形成的纷繁复杂的投射中，没有什么比它与鲜活萌动的事物状态之间不可断绝的联系更动人心魄的了。我已经试图表达过，美的终极特征中相当可观的部分仰赖于对自然有机物蓬勃生命力的表达，或仰赖于对无生命的自然之力的臣服。我在此无需重复我想要推崇什么观点，它们无非是我相信能使大众普遍接受的观点，事物在其他方面也和它们的本质或用途或外在形式一样，其高贵或低劣与其生命活力的完整程度成比例，它们要么独善其身，要么记录自然运动轨迹留下的印痕，正如沙滩保留了海水的动态而变得美丽一样。那些承载了最高形式生命力的事物尤是如此，也即取决于它们承载了多少人类思维：它们高贵或低劣，与人类思维在它们身上耗费了多少心血成比例。但是该原则与建筑创作相关时，显得尤其特殊与重要，建筑或许不像任何其他生命体那样，不总是由自身体现愉悦的事物组成——不像音乐的甜美音符，或绘画的美丽色彩那样，它是由笨拙的物质构成的——建筑最高程度的高贵宜人，取决于建造过程中投入的智慧生命力的生动表达。

二、对于人类思维以外的所有其他生命力量，我们对什么是或什么不是生命并无疑问。但无论植物或动物的生命活力，都可能在建筑上被缩减为相当贫瘠的形式，使人对其存在投以疑问，但当这些疑问解除时，事情就很明显：没有人会误认为建筑模仿或伪装自然之物是自然之物本身。没有什么物理或电解反应可以取代生命律动；没有什么像对生命的模仿一般动人心魄，以至于在下判断时都要有所迟疑；尽管在许多情况下，人类想象力以尊崇（神）为乐，虽然不会对其用艺术模仿而复活的无生命之物的真实本质视而不见；但也更为建筑自身的宏大生命力感到高兴，它们高耸入云，与海浪共舞，与岩石对话。

三、但当我们开始关注人类之力时，我们发现自己立刻面对着一种双重生物。思维的大部分仿佛拥有虚构的投射之物，人不舍弃这些的话，就会陷入危险。因此人有真实与谬误两种信念（也可说是活着或死去的、伪装或真实的信念）。人有真实和谬误的希冀，真实和谬误的宽容，最后，真实和谬误的生活。人的真实生活像低等有机生物一样，拥有塑造和统御外界事物的独立力量；这是种获得新知的力量，将他身边的一切变成食物或工具；并且，无论他有多卑微或顺从地跟从更高智慧的指引，这种力量从未放弃自身权威作为判断导则，像一种或服从或反叛的意志。人的虚假生活无非死亡[1]或醉生梦死，但即使它并无活力时，它也存在着，并且从真实的生活那一边无法知晓它。我们许多人在世上便经常或偶然生活在此种状态之中；我们在其中随波逐流、言不由衷、唯唯诺诺；这种生活为外物的重担所累，被外物浇筑定型，而不是取其精华；像遇到厚重的霜一样被外物晶结于内，而不是从养料丰富的露水中生长并盛开，像花房包裹一棵树那样包裹真实的生活，这是一团裹着糖霜的、本不属于这种生活的思想和习惯的大杂烩，脆弱、顽固、冷酷，既无法弯曲也无法生长，如果它挡住了我们的道路，我们必须将其粉碎。所有人都多少被这样的生活冻结住了；所有人都多少被愚俗之物所羁绊；唯有当他们在其中拥有真实的生活时，他们才能有尊严地从虚假的生活中撕开一条裂缝，直到它变成仿佛杉树的轮廓，有能审视自我内在的力量。但是，以最优秀之人所有的努力，他们的存在有多少付诸梦幻，在那些与他们共梦之人看来，他们的确有所行动，并完全负担了职责，但却依然不清楚他们身边围绕着什么，或他们心中填塞着什么；当局者迷，使旁观者亦迷，这实在顽固不化（νωφροι）！我不会把这种定义强加给迟钝的心灵和沉重的耳朵；我谈及这一点，只是因为它太经常地与自然存在相似，无论是对于国家或个人，通常与它们的年岁成比例。一个国家的历史通常犹如岩浆涌流，先是耀眼而火热，随后缓慢下来盖住地表，最后只以厚结的块寸步前进。最终的状况看起来十分可悲。前行的每一步都在艺术领域都有明显的印迹，在建筑中尤甚于其他；因为建筑如前所说尤其仰赖于真实生命力的温暖；当思维一旦被其本质唤醒，我不知道还有什么比死去的建筑更使人压抑。童年的贫瘠充满了预兆与乐趣——不完美的挣扎充满了能量与惯性——但在成熟的人身上只能看到无力和僵硬停留着；看到某些思想，曾经死去又被重新唤活，在超荷使用后又被磨平；看到成熟生物的躯壳，当它的色彩褪尽，栖居在躯壳中的生命死灭——这景象更悲哀孤独，比所有知识消尽、回归幼稚无助的婴儿期更甚。

　　不，我们可以希冀所有这样的回归总能达成。如果我们能将瘫痪转成天真，那就有希望；但是我不知道我们如何再次回归童年，寻回我们失去的生活。这些年我们建筑的目的和趣味出现扰动 ①，人们普遍认为

---

① 指哥特复兴。——译者注

它充满了欣欣向荣的新意：我相信它的确如此，但在我看来它也十分病态。[2] 我不了解它是否真是种子的萌发或深入骨骼的震颤；我不认为我要求读者用来探询的时间是种浪费：我们目前为止所确定或猜想的有多少是最佳理论，可以无需精神活力而正式实践？这些精神活力本身足以给建筑以影响、价值或愉悦。

四、那么首先——这是个非常重要的问题——目前建筑借鉴或模仿的艺术并无死亡的迹象，但问题在于它是否真正感兴趣而借鉴，还是别无选择只能模仿。一个伟大国度的艺术，如果对自身早期的成就中更高贵的范例不熟悉，却总是展示最连续统一和司空见惯的发展风格，其自身的本源或许是种不正常的脆弱。但是我能想起更宏伟之物，如伦巴底建筑（图 5-1），本身粗劣又孩子气，被更高贵的艺术碎片所包围，对这些碎片它赶着仰慕，随时准备模仿，然而因其自身新的本能如此强大，因此它重构并重组了所有碎片，对这些碎片借鉴和复制，融合进自

图 5-1 帕维亚切尔多萨教堂，典型的伦巴第与哥特式样的混合

身的思想而形成和谐——这种和谐在一开始杂乱无章而怪异，但最后形成完整的形式，并融进完美的组织里；所有借用的元素都从属于它自身主要的、不可撼动的生命力中。我不知道有什么感受能如此强烈，当我们发现那些碎片挣扎着融入独立存在之中；探查到其中有借鉴的理念，不，应该说其中包含了真正由他人的手在其他世纪里雕琢的砖瓦石块，再筑成新墙，仿佛给它们新的表情和目的，像我们在岩浆流动中找到的那些不屈的岩石（回到我们先前的比喻），它们是某种力量的最好见证者，这种力量把那些煅烧的碎片熔铸成它自己的五色变幻的火。

五、有人会问，模仿是如何被描述成为健康有活力？不幸的是，尽管列举生命力的迹象非常容易，对生命力下定义或让别人明白也却是不可能的；尽管所有聪明的艺术理论家都坚持某种艺术风格前进或消退时期的模仿部件的不同性，却没有人能够在最小的程度上让别人明白，生命力是如何影响了这些模仿者。然而，我们能看到有生命力的模仿的两个非常明显的特征——坦率和莽撞，即使这发现对我们并无益处，至少也很有趣；它的坦率相当特别；它从未试图掩盖借鉴的痕迹。拉斐尔承继了马萨乔 ① 的整体风格，或是借用了佩鲁吉诺的整体构图，其天真的干净利落就如同一个年轻穷困的窃贼；一个罗曼式巴西利卡（图 5-2）的建筑师仿佛蚂蚁搬谷粒一般集中起所有他能找到的柱和柱头。当我们发现这种坦率的借鉴，总不免假设，这种设计思维中的力量能够转化和更新它所采纳之物；但它着力太猛，从而不害怕剽窃的罪证——过于确信它能够证明并已经证明它的独立性，从而以最开敞无疑的方式坦诚自己对模仿对象的致敬；这种感觉的必然结果是我提到的另一种现象——当它认为需要时，进行莽撞的处理，毫不迟疑地、扫荡性地牺牲

---

① 　Masaccio（1401—1428），是意大利 15 世纪文艺复兴第一位杰出的画家，以画作对自然的杰出表现而著称。——译者注

图 5-2 拉特朗圣若望大教堂中庭，集中了各种柱式及柱头

模仿的先例（当先例不方便处理时）。例如，在意大利罗曼式建筑的标志性特征中，异教寺庙的天井部分被中殿代替，结果西立面的三角楣被分成三个部分，其中中间那段，仿佛岩石斜坡升起的顶点被突兀的错误举起那样，被两翼打断，并抬高位于两翼之上；耳堂端部保留三角楣的另两个部分，却无法填以任何形式的装饰，来适应打断的部位；当立面的中间部分被圆柱形占据时，这种困难变得更甚，除了痛苦地将其打断，无法终结翼部端头的缺失。我不知道那些尊重先例的建筑师在这种情况下会用什么处理手法，但比萨大教堂的建筑师显然不在此列，为了在三角楣空间区域延续柱式，他把它们缩至最短，直到最后一根柱子的柱身完全消失，只留柱头放在柱基的角部上。我暂且不论此种处理优雅与否；我为它辩护，仅仅因为它是个突兀的例子，几乎没有同例，抛开任何挡在他前面的被人普遍接受的原则，在所有不协调和困难中挣扎着实现了它自身的本能。

六、然而，坦率自身无法为机械重复辩护，也缺乏创造的勇气，其一缘于怠惰，其二缘于不智。必须寻找更高贵和确定的生命活力的标志——这标志自身像某种风格的修饰性或原初性的特征，在所有风格中延续，并确定无疑将持续进步。

其中最重要的，我相信是对精致处理手法的忽略和轻视的表现之一，或无论如何，是一种明显的对设计概念的屈从处理，通常是不情愿地，但有时也是有意的。然而我既能够根据这一点有信心地说话，我同时也必须有所保留和谨慎，因为很有可能我也会危险地误解。林赛爵士①曾明察秋毫地断定，意大利最好的设计师也是对他们的手艺最仔细的；他们的砌体、马赛克或其他任何匠作的稳固和完成面，总是以近乎不可能的最完美的比例呈现，伟大的设计师对细节的注重远胜过我们这

---

① Lord Lindsay（1812—1880），本名 Alexander Lindsay，克劳福德家族第 25 代伯爵，苏格兰郡望，艺术史家及收藏家。——译者注

些忽视细节的普通人。我不仅要完全承认和重申这一最重要的事实，而且还要坚持，在恰当的位置进行最完美精致的饰面，是所有最高贵的建筑学派的特征，正如在绘画中也是一样。但在另一方面，正如完美的饰面属于最优等的艺术，激进的饰面也属于激进的艺术；我认为，处于雏形中的艺术的含糊不清和停滞不前的最关键的标志，莫过于它自身设计的倒退或过于超前了；然而，即使我承认在恰当的位置进行完全的饰面作为完美主义学派的一项贡献，我必须保留以自己的方式回答两个非常重要问题的权利：什么是真正的饰面？什么是饰面的恰当位置？

七、但是在阐述这两个问题时，我们必须记住匠作和设计思维之间的一致性在现存的例子中，是被粗暴的工匠采用超前的设计所干扰的。所有基督教建筑一开始都是如此，必然的结果显然是在介于实际表现和美学理念之间的许多显见的时间差。我们首先看对经典设计一开始的模仿，几乎是以粗野的方式进行相当粗放的仿造；随着这种艺术向前发展，设计被一种哥特式的怪诞混杂所修饰，手法实施得更完整，直到两者之间达到一种协调，在这种平衡中它们达到一种新的完善。因此在重新收复失地的历程中，我们可以发现在有生命力的建筑中，急躁的印记显露无遗；对某些东西的争取尚未成功，这导致了对所有次要点的把握的忽略。一种不满现状的、对所有本质的轻蔑出现了，或是为承认满意，或是要求更精益求精。并且，正如一个优秀而认真的艺术生不会把时间浪费在控制草稿的线条或描摹底色上，草稿只需达到推敲的目的即可，他知道草稿必然是不完美或不完善的——真正的早期建筑学派的活力也是如此，或是受到完美范例的影响，或是自身处于飞快发展中，在纷繁的迹象中追溯其发展历程十分有趣，它蔑视绝对的对称和尺度，而这在逝去的建筑中是最紧要的必需条件。

八、在铜版插图十二的图示1中，我绘制了威尼斯圣马可教堂的一个最奇特的例子，布道台下方的一块装饰板上的小柱和拱肩，兼有粗糙的手法和不常规的对称。我们可以立刻注意到叶饰的不完美（不仅仅是过于简单，而且粗糙和丑陋）：这是这一时期作品的常态，但是却并不容易找到一个如此漫不经心雕刻的柱头；它不完美的涡卷被推到一边，且比另一边要高得多，并在这一边收缩，再放进一个附加的钻孔用来填满整个空间；除此以外，线脚的 a 构件是一道跟随拱券的凸弧线脚，在 a 处有一个平线脚，与 b 角的其他构件混杂在一起，最后一起急速停住在另一边，十分粗暴无礼地干扰了外层线脚；尽管如此，整个排布的优雅，比例和感觉仍如此卓越，以至于在它的位置上，它别无他求；世上所有的科学和对称都无法使它屈服。在图示 4 中我试图描绘尼科洛·皮萨诺① 设计的皮斯托亚的圣安德利亚教堂布道台（图 5-3），一件更高明的作品的从属部分的处理。它覆以极度精雕细琢的人物雕刻；但是当雕塑家处理简单的拱形线脚时，他对它们不屑一顾，并未过度细致处理或制造过分锐利的阴影。此处采用的剖面过度简化，k、m 点，轻微而圆润地后退，绝对无法创造一条锐利的线条；它起先看来拙钝，但实际上在勾勒雕刻，十分契合画家弱化背景的手法：线条忽隐忽现，时深时浅，有时断成几段；叶尖饰的后退在 n 点与外部拱券相连接，以最无所畏惧的姿态藐视了所有弧线连接的几何法则。

九、在大师胆大妄为的表达中有一些让人感到愉快的东西。我不认为它是耐心的"杰作"，但我认为不耐烦是一种处在进步之中的学派的辉煌特征；我尤其热爱罗曼式和早期哥特作品，因为它们为不耐烦留出了如此多的空间；偶然在尺度上或处理上的疏失，不明显地故意背离对称规则，以及始终变化的奢华趣味，这显然是这两种风格的建筑最显著

① Nicola Pisano（约 1220/1225—约 1284），意大利著名的雕刻家，代表作为罗马古典雕刻风格。——译者注

图 5-3　皮斯托亚的圣安德利亚教堂布道台，尼科洛·皮萨诺作品

图 5-4　比萨大教堂西立面上部

的特征。严谨的建筑法则在多大程度、多么经常甚至多么辉煌地被这些
建筑的优雅和大胆所纾解，我认为，我们对此的观察很不够；而我们对
那些看似均等、完全对称的重要部件的尺度的观察更加不够。我对现代
建筑手法不够熟悉，因此不敢对其通常的准确有多大确信；但我可以想
象比萨大教堂的西立面（图 5-4）有如下尺度，当今的建筑师应该会把
它们看作粗糙的近似。这个立面被分成 7 个拱券部分，其中第二个，第
四个（或中间那个）以及第六个包含有门；第七个部分拥有极度精致的
变化，其次是第三和第五个。以这种排布，显然这三对拱应当均等；它
们看起来的确如此，但我发现它们的实际尺度如下，从柱量到柱，单位
分别是意大利布拉恰①、帕尔姆②以及英寸③：

① 古意大利长度单位，约合 26 至 27 英寸，或 66 至 68 厘米。——译者注
② 意大利长度单位，合 4 英寸。——译者注
③ 1 英寸约合 2.54 厘米。——译者注

	布拉恰	帕尔姆	英寸	总长（英寸）
1. 中门	8	0	0	=192
2. 北门	6	3	1½	=157½
3. 南门	6	4	3	=163
4. 最北端头	5	5	3½	=143½
5. 最南端头	6	1	½	=148½
6. 北立面门间距	5	2	1	=129
7. 南立面门间距	5	2	1½	=129½

这样在 2、3、4 及 5 部分之间各有 5 又 1/2 英寸的差异，另一边又有 5 英寸差异。

十、然而这种差异可能要归因于对意外变形进行了调节，这种变形显然在建造过程中发生在大教堂的墙面上，正如同发生在斜塔上一样。就我所记得，大教堂的变形是两者中最精彩的：我不信它墙面上的每一根柱子都是完全垂直的：铺地在不同高度起起落落，或者不如说柱础连续地以不同深度沉入铺地，整个西立面理论上讲应该是向外倾斜的（我并没有用铅锤测量，但这种倾斜肉眼可辨，只要比照一下比萨大教堂公墓垂直的壁柱就可以了）：南墙砖砌部位最明显的变形显示了这种倾向从第一层建造时就开始了。这面墙上第一个拱廊上的线脚在 15 个拱里碰到了其中 11 个的顶部；但它突然离开了最西面的四个拱的顶部；这些拱向西弯曲，并沉入地面，而线脚升起（或看起来像是升起），无论如何都与拱分离，无论是其一升起还是另一落下，两者之间有两英寸多的间隔，并且在西面的拱顶上，由附加的砖砌填满。弯曲的墙布置在主入口的柱子中间，这是建筑师进行挣扎的另一个奇特的证据（这些证据或许与我们目前的主题无关，但它们对我言十分有趣；它们在所有情况下都证明了我一贯坚持的观点——那些勤奋的建造者能够忍受看似对称的物体实际上有多不完美和富于变化：他们在细节处注重美观，在整体上注重庄严，却从不注重精确的尺度）。主入口的那些柱子是全意大利最可爱的；圆柱形，饰以华丽的阿拉伯风雕琢的叶饰，在基础部位几乎延伸环绕一周，向上升至黑色的壁柱，两者之间轻轻搭住：但是叶饰的遮盖被一道严谨的线条束缚，收窄到它们的顶部，在那里它仅仅盖住了它们的前部；如此一来，从横向看过去，一条终端线条明显地向外突起伸出，我认为这是为了掩盖西墙偶然的倾斜，并且以它在同一方向夸张的倾斜，将它们突显出来形成对比，使视觉看来垂直。

十一、在这幢建筑西立面的中门上方还有一个十分有趣的变形的例子。七个拱之间所有间隙都填以黑色大理石，每一个在中间还包括一个白色的菱形并填以动物形马赛克，整体上方以一条白色的带子贯穿，基本不触到下方的菱形。但是中央拱北面的菱形被迫摆在一个倾斜的位置，并触到了白色的带子；仿佛建筑师下决心向人表示他不在乎菱形碰不碰到白色带子，白色的带子在这个部位竟突然变宽了，并在下两个拱保持这一宽度。这些差异是最有趣的，因为它们所包含的工艺是最完善和卓越的，扭曲的石头彼此接合得如此干净利落以至于它们之间仿佛只有发丝般的细缝。没有任何含糊不清之处；所有一切都严丝合缝，仿佛建筑师无法容忍任何错误或突兀：我只希望我们能向他学到一点桀骜不驯。

十二、读者仍会说所有这些变化或许更多取决于糟糕的地基[①]，而非建筑师的感觉。但在西立面上这些明显对称的拱券里出现的比例和尺度的精微细致的变化绝非如此。你们可能记得我说过比萨斜塔是意大利唯一丑陋的一座塔，因为它的楼层在高度上都是均等的，或近乎均等；这一错误与当时的建造者的精神如此违背，因此它只能被看作一个不幸

---

① 比萨斜塔倾斜的原因主要是地基在建造时过浅，近旁的比萨大教堂亦有此问题。——译者注

的恶作剧。或许这座教堂西立面的概貌随后能被读者想起，作为对我提倡的原则的一个显然的矛盾。然而它不会成为矛盾，即使它上部的四排拱廊完全均等；由于它们从属于下方的七拱楼层，以先前我们讨论过的萨里斯伯利教堂塔尖的方式，也和卢卡大教堂和皮斯托亚教堂塔楼的案例相同。但是比萨大教堂立面的比例安排更精致。它的四排拱廊中没有一个高度与另一个类似。最高的是从下往上数第三排拱廊；它们以近乎几何比例的间隔渐降；依次为第三排、第一排、第二排、第四排。它们的拱的不均等性也同样显著：它们乍一看去都是均等的；但是它们的优雅是均等无法企及的：靠近观察，你会发现第一行的 19 个拱，其中 18 个是均等的，中间的那个比其余的都大些；在第二排拱廊，9 个中央的拱站在下方的 9 个拱上面，同样地，第 9 个中央的拱是最大的。但在它们的翼部，有类似肩膀的三角楣斜坡，拱在那里消失了，楔形的顶饰取代了它们的位置，逐渐收窄，以允许柱支撑三角楣的尽端；在此处柱身的高度被适当缩短，因此看来粗短；五段柱身，或者不如说四段柱身和一个柱头，在四个下方的拱廊上面，形成 21 个间隔而不是 19 个。在下一个排或第三排拱廊——前面说过，是最高的那个——八个拱全部均等，处在下方九个拱的上方，这样中间就是一根柱而不是一个拱，拱的跨度随其渐增的高度按比例增加。最后，在最顶部的拱廊上——这是最矮的拱廊——拱的数量和下方一样，却比立面上任何一个拱都要窄；所有八个拱非常靠近下方的六个，而下方拱廊终端的拱被两端的装饰墙体量用突出的构件统领。

十三、现在我把这些称为有生命力的建筑。它的每一寸都活灵活现，容纳了所有建筑的必要性，在排布上有一种果断的变化，十分肖似有机体结构的相关比例和法则。此处限于篇幅我无法深究这座伟大建筑物的后殿外部的柱身更精妙的比例。为了避免读者认为它只是一个特例，我更愿意多描述一下另一座教堂，北部意大利罗曼式建筑的辉煌之

图 5-5　皮斯托亚的圣乔瓦尼教堂侧立面局部

作，皮斯托亚的圣乔瓦尼教堂的一个部分（图 5-5）。

教堂的侧边有三层拱廊，在竖向以明显的几何比例渐减，而大多数拱以数量级增长，比如在第二层拱廊有两个拱，第三层拱廊有三个拱，直到第一层拱廊有一个拱。然而，为了避免这种形式看来过于严肃，在最底层拱廊的 14 个拱里，门成为最大的拱，并且不在中央，而是从西数起排在第六个，这样使得一边有五个拱而另一边有八个拱。再进一步：这个最底层的拱廊由宽阔平坦的壁柱终结，大约是拱的一半宽；但是上方的拱却是连续的；只是西端的两个拱比其余都要大，它们却并不像正常情况那样占据下方尽端拱的空间，而是占据了低处拱和壁柱的空间。然而即使如此，建筑师仍觉得不够离经叛道；他还把上方的两个拱放在每个下方的单个拱上：这样在东端有更多的拱，眼睛会更容易被欺骗，建筑师仅仅是把两个尽端的低处的拱缩窄半个布拉恰；而他同时也稍微扩大了顶部的拱，这样一来只有 17 个上部的拱位于下方的 9 个之上，而不是18个对9个。这样一来眼睛就被彻底迷惑了，通过调整柱子的叠放，以此种种有趣的变化，整个建筑成为一整个体量，没有任何一个拱正好处于它应在的位置，也没有一个完全脱离；并且为了把这一设计处理得更加巧妙，东端的四个拱除了已经承认的半个布拉恰之外，还有从一英寸到一英寸半的渐变。它们从东开始量的尺度如下所示：

	布拉恰	帕尔姆	英寸
第一个	3	0	1
第二个	3	0	2
第三个	3	3	2
第四个	3	3	3½

上部的拱廊也以同样的原则处理；起初看来好像三个拱位于每一对下方拱之上；但是实际上，只有38个（或37个，我不确定具体数字）对下方27个；柱则处在各种相关位置上。即使如此建筑师也犹不满足，一定要把不规则添加到拱的萌发处，实际上，尽管总体效果显示为对称的拱廊，没有一个拱和另外一个是同一高度的；它们的顶在墙面上波浪起伏，宛如波涛冲刷着港湾，有一些拱顶几乎碰到了上方的凸砖束带，另一些离它足有五六英寸远。

十四、我们接下来分析威尼斯圣马可教堂的西立面，尽管从很多方面来说它并不完美，但它的比例正如其丰富和美妙的色彩一样，像人类所能想象的幻梦一般美妙。然而，可能对于读者来说听到这样一个主题的反面意见会很有意思，在前面几页絮叨了关于比例的大体原则，以及关于大教堂对称塔楼的错误和其他均等设计的错误，再加上我再三提到总督府以及圣马可的钟楼作为完美的典范——我对前者的赞赏尤其在于它突出于第二层拱廊的上方——而以下文字摘自建筑师伍德 ① 写在他抵

---

① 根据文中描述推断，建筑师伍德应为作者同时代的一名普通建筑师。——译者注

达威尼斯之时的笔记，或许其中有一种令人喜悦的新鲜感，可能显示我的观点并非陈词滥调或普遍接受。

"这个样子奇怪的教堂，那巨大丑陋的钟楼，你绝不会认错。教堂的外表以极端的丑陋使你惊讶，甚于所有其他。"

"总督府比所有我之前提到过的建筑都要丑陋。仔细考虑之后，我无法想象任何细节的替换能够拯救它；但是如果这堵高耸的墙可以后退至两个小拱廊楼层的后面，它将成为一个非常高贵的存在。"

在对"某种比例的恰到好处"进行了更多观察之后，他也承认这座教堂丰富有力的外观造就了令人愉快的效果，但他接着写道："有些人认为不规则是其完美的必要组成部分——我决然与他持相反态度，并认为同类建筑进行规则设计可能更优越。让妥当但不十分招摇的长圆形建筑（图 5-6），成为理想的教堂的主干部分，它应该放置在两座高耸的塔楼之间，前面放置两座方尖碑，在教堂的每一边让其他广场局部向第一个广场开放，其中一个延伸至海港或海岸，你可能会看到它胜过世间任何胜景。"

为什么伍德先生无法欣赏圣马可教堂的色彩，或领略总督府的宏伟，读者在读了以下两段关于卡拉奇兄弟和米开朗琪罗的摘录之后就会找到答案。

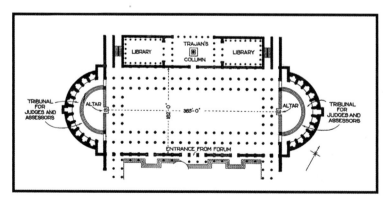

图 5-6　典型巴西利卡式圣堂平面图，两个端头为半圆形

"这里的景象（博洛尼亚）对我来说比威尼斯要更符合我的口味，因为如果说威尼斯学派长于色彩，或许也长于构成，博洛尼亚学派必定更擅长绘画和表达，卡拉奇兄弟在这里像上帝一般闪耀。"

"为什么人们对这位艺术家（米开朗琪罗）如此崇敬？有些人认为是由于线条的构成和人物的排布；必须承认，我不理解这一点；然而，当我领悟了某些建筑的形式和比例之美，我无法继续否认类似的优点可能存在于绘画之中，尽管很不幸我无法欣赏它们。"

我认为这些段落非常有价值，因为它们显示了一个建筑师如何以他自己领域的狭隘的知识和错误的品味来理解绘画；尤其是凭借对比例的奇特观念，或根本没有比例观念，建筑艺术有时就这样实施了。因为伍德先生在他的大多观察中绝非迟钝无知，他对经典艺术的批评常常极有价值。但是热爱提香胜过卡拉奇兄弟、并且知道米开朗琪罗有值得崇敬之处的人，可能会愿意跟随我对圣马可教堂进行一番宽容的探究。因为尽管当今欧洲的建筑发展进程使我们看到伍德先生提倡的变化付诸实施，我们仍可自认有幸第一个知道它是如何自 11 世纪的工匠处传承而来的。

十五、圣马可教堂的西立面由上部和下部的一系列拱组成，以马赛克装饰封闭了墙体空间，并由一系列的柱支撑，在下层的拱上，上部构件叠加在下部之上。因此我们在立面上从上到下就有了五层分割；即，下两层柱廊，以及它们所承载的弧形墙；上一层柱廊，以及它们所承载的弧形墙。然而，为了把两个主要分割体量结合起来，底层中央的拱（主入口）升起到上层柱廊和栏杆之上，整体位于侧边的拱廊之上。（图 5-7）

底层的柱子和墙的比例如此美妙而富于变化，以致要用许多篇幅去描述它才能讲得明白；但总体来说它们的状态是：底层柱、上层柱和墙的高度，分别以 a，b 和 c 表示，而 a : c = c : b（a 为最高）。柱 b 的直

图 5-7　威尼斯圣马可大教堂正立面

径比柱 a 的直径基本等于柱 b 比柱 a 的高度，或者比值略小一些，以允许大柱基而缩减上部柱身明显的高度：尽管这是其宽度的比例，上部的柱依然处于下部的柱之上，有时上部再叠加一个柱：但是在尽端的拱处一根简单的柱子支撑上部两根柱，比例形似树的支杈；也即是说，每根上部的柱 =2/3 下部的柱。因此在底层有三段比例，上部由于只分成两个主要的构件，为了使整个高度不至于分成均等的部分，特别增加尖塔作为第三段体量。竖向分割也是如此。侧边则更加精细。底层有七个拱；设中央拱为 a 并且算到最尽端，它们以 a、c、b、d 的次序间隔渐减，中央拱最大，最外层的最小。因此，当一个比例递增时，另一个比例就递减，像音乐的乐章；然而整体构成金字塔形，这是另一个吸引视觉的聚焦点，没有一个上部拱的柱子正好立在下部柱上。

　　十六、人们可能认为，通过这样的排列已经创造了足够的变化，但是建筑师犹不满足：这一点是我们目前主要讨论的主题——我们总是把中央拱标为 a，侧边两个拱为 b 和 c，北面的 b 和 c 比南面的 b 和 c 宽一些；但是南边的 d 比北边的 d 宽一点，底层拱在旁边檐口下方；更有甚者，我几乎不相信立面看来对称的构件之一真的与另一边对称。很遗憾我不能列出具体测量数值。我放弃探讨它们，是由于它们极度复杂，并且拱的屈服和沉降导致了无法准确评价。

不要假定我认为拜占庭工匠如此建造是因为他们脑中有这些纷繁复杂的原则。我相信他们所有的建构都是出于感觉，而正是因为他们凭感觉建造，才有如此辉煌、变化多端和精微的生命力贯穿于所有的排布中；我们对这些美妙建筑的推断，正如那些从土壤中生长起的树一样，不知道它们自身有多美。

十七、然而，或许一个比我之前论述过的任何建筑更加陌生的例子，可以在巴约大教堂的立面（图 5-8）上看到——那是在呈现对称的基础上进行大胆的变化。它包含了五个带有倾斜的三角楣的拱券，最外端的两个是实的，中间的三个有门；它们起初看起来像是从中间的主拱开始比例递减。两扇侧边的门布置得非常有意思。拱的半圆楣里填满了浅浮雕，有四层；在最低的一层，每个包含一个小龛或门，内有主要人物造型（右边的门上有冥王哈德斯和路西法 ①）。这个小龛像柱头一样，被一根独立的柱所支撑，它把整个拱分成大约它自身宽度的 2/3，较大的部分在外侧；在这较大的部分，有内入口的门。这种处理两扇大门的完全的一致性，使我们有理由期待尺度上的一致性。然而并非如此，小的内部北入口的尺寸为英制的 4 英尺 7 英寸，从门挺量到门挺，南入口则有 5 英尺。在 5 英尺范围内，5 英寸应该是个合理的变化。外层北侧

---

① 路西法是七个撒旦之中的一个；在第一次天使大战里，参与叛乱的天使灵质都改变了，这些天使被称作堕天使，然后被打入地狱，成为撒旦。——译者注

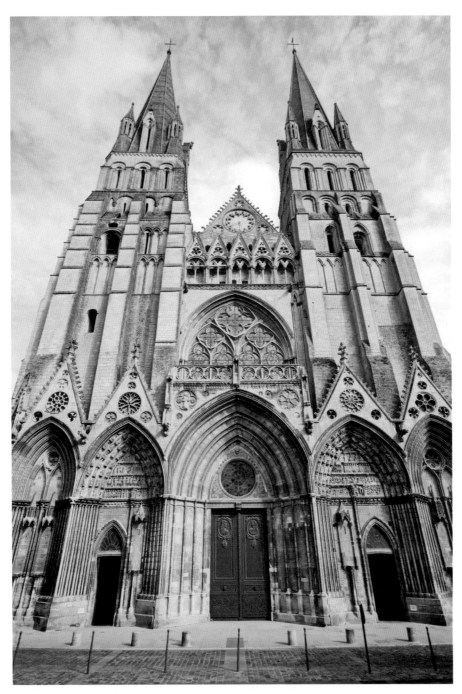

图 5-8　巴约大教堂正立面

的门厅，从边柱量到边柱的距离为 13 英尺 11 英寸，南侧门厅为 14 英尺 6 英寸；在 14 又 1/2 英尺里有 7 英寸的差异。还有三角楣装饰尺寸的显著变化。

十八、我认为我已经给出了足够多的例证，尽管我可以无限地重复这些案例，以证明这些变化并非仅仅是疏失或过错，而是一种对于尺度精准固化的轻蔑——如果还谈不上厌恶的话；并且在大多数案例中，我相信是使有效的对称以精微的大自然般的变化成为一种明确的解决方案。至于这一原则在多大程度上付诸实施，我们可以用阿布维尔大教堂塔楼上的特殊排布来证明。我并不是说它是正确的，但它完美证明了什么是建筑无所畏惧的生命力；因为无论我们怎样评价法国火焰式花窗，无论它多么腐朽，它的变化多端正如过往所有鲜活的设计思想那样活灵活现；如果它并非伪饰的话，它定能沿用至今。我之前探讨过当有两个均等的部分时处理横向均等分割的普遍难度，除非还有第三个构件来调节。下面我应给出更多例子，证实这种调节在有两个天窗的塔楼上是如何起作用的：阿布维尔教堂的建筑师在节点上插的剑或许太锋利了。他对两扇窗的统一性感到困扰，他就把它们的头部横向布置在一起，它们的葱形拱的曲线如此扭曲，以至于只能有一块有三叶饰的面板留在上部和内侧，另外三块在每个拱的外侧。这一排布如铜版插图十二的图示3。与下方的各种起伏的火焰窗曲线结合起来，这在真实的塔楼上是十分罕见的布置，因为它将整体效果统一在一个体量中。然而，即使它丑陋或错误，我仍喜爱此种错失，因为它勇于犯错。在铜版插图二中（与圣洛大教堂西立面相连的小礼拜堂的一部分），读者能看到相同的建筑案例，为了奇怪的理由而违反了它的原则。如果有任何部位是火焰哥特建筑师最爱进行繁盛装饰的，那一定是尖塔了——正如柱头对于科林斯式秩序一样；然而我们面前的这个例子里，却有一个丑陋的蜂窝放置在主尖塔的拱上。我不确定我是否准确表达了它的意思，但我几乎不怀疑下方的两个图案——现在已经破碎——曾经代表"圣母领报"①；而在同一座教堂的另一个部分，我发现了圣灵降落，它被光束所笼罩，表现为几乎不可辨的尖塔的形式；因此它看起来试图表现光彩照人，而与此同时也成为下方精致的人物的伞盖。无论这是否是它的意图，它大胆地背离了同时代的通常惯例。

　　十九、更华丽的是鲁昂圣马克卢教堂（图5-9）主入口的尖塔那放纵的装饰。半圆楣上的浅浮雕主题是末日审判，地狱火焰这边的雕塑以这样一种程度的力量呈现——它那可怕的怪诞我只能表述为是奥卡尼亚②（图5-10）和贺加斯③（图5-11）的混合。那上面的恶魔大概比奥卡尼亚笔下的更可怕；在以最强烈的绝望表达低劣的性灵方面，这雕塑至少和这位英国画家不相上下。人物造型设计的狂野程度也丝毫不减，显露出狂暴和恐惧。一个邪恶的天使，稳居于翅膀之上，将受到诅咒的人群队列从审判席前召来；他的左手在身后拽着一片云，像一块波浪起伏的布笼罩在他们头上；但人群受到天使如此凶恶地催逼，他们不但被驱赶到画面的最边缘——雕刻师对圆弧楣浅浮雕限定的范围——甚至超出圆弧楣进入了建筑尖塔的范围。而火焰继续跟随他们，看起来仿佛被天使翅膀扇起的飓风所卷曲，也冲入了尖塔，在它们的花窗间燃烧，三个最低的小尖塔表现为全部被烈火包围，而与常规的拱形肋架的屋顶不同，每个屋顶上有一个恶魔，它收起翅膀站在尖塔上方，并在黑影之中朝下狞笑。

---

① 西方古典艺术中最经常表现的圣经主题之一，常见形式为大天使飞在空中，向面露惊讶的玛利亚传达她将怀孕诞下圣子的神旨，并伴有灵光射向玛利亚。——译者注

② Andrea di Cione di Arcangelo（约1308—1368），通常称为Orcagna，意大利画家、雕刻家及建筑师，活跃于佛罗伦萨。他曾作为佛罗伦萨主教堂的顾问，并主持了奥维耶托教堂的立面工程。——译者注

③ William Hogarth（1697—1764），英国画家，版画家，讽刺画家及评论家。他的作品题材丰富，从现实主义绘画到社会讽喻性连环画均有。——译者注

图 5-9　鲁恩圣马克卢教堂

图 5-10 奥卡尼亚圣坛画作品

图 5-11　威廉·贺加斯作品

二十、我已经给出了足够多的仅凭胆大妄为来创造生命力的建筑案例，无论是否妥当（比如上一个例子便不太妥当）；但是作为同质化的设计表现力的一个特殊案例，其目的是使得所有材料都服从于它，我会向读者展示费拉拉大教堂南侧拱顶的辉煌的柱子。铜版插图十三的右图展示了其中一个拱。四根这样的柱子形成一组，有两对柱子交叉排列，如左图所示；然后再是另外四个拱。这是一条长拱廊，我估计不少于40个拱，或许还有更多；在它那庄重的拜占庭曲线的优雅和简约中，我几乎没看出有什么均等之处。至少仅从柱子来看，我辨不出它的好恶；几乎没有任何两个拱是相一致的，看起来建筑师想要把所有能借鉴的设计都聚集在此。两个柱子的爬藤植物很有趣，尽管看来古怪；旁边扭曲的柱提示着比较不令人愉快的形象；拜占庭建筑常见的双节点上的蛇形盘绕的设计，基本都很优雅。但我无法找到什么理由来为图示3所示的四组中之一的极端丑陋的柱子辩护。对我而言幸运的是，费拉拉大教堂曾有一个市集；当我画完这根柱的手绘，我不得不从售卖各种器皿的商人中挤出来，而他们正在收拾摊位。他们的摊位被一个由柱子支撑的遮阳棚遮挡，为了使遮阳棚随着太阳高度变化而升高或降低，它由两个不同的部件组成，用一个架子组合在一起，在这个装置上我发现了我这根丑陋的柱子的原型。我在前面已经阐述过，模仿自然形体以外物体都是不妥当的，人们应该不会认为我赞成这个建筑师收集所有典范于一处的做法；然而这种谦逊有指导意义，它恭敬地学习这些资源作为灵感的来源；它的大胆，能使人远离所有既定的形式；它的生命力和感觉，从这些古拙离奇的材料堆砌之中，能够创造出真正和谐的基督教建筑。

二十一、然而，或许我在以其错误或过失所著称的建筑生命力形式上停留了太久。我们必须简要提及少数细节上总是正确和必要的操作，在那里它不会在先例面前胆怯，也不会被法则所压制。

　　我在前文曾经说过，手工劳作始终比机械作品要出色；然而，请注意，人同时也有将自己转变成机器的可能，并把他们的匠作降低至机器的水平；但只要人还以人的本性来工作，在自己的作品上倾尽心力、精益求精，他们是个多么差劲的工匠都没有关系，他们的亲手劳作是无价之宝：常常能看到有些细部比其他细部含有更多的欢乐——此处特地放慢、精心处理；或彼处漫不经心、草率对待；此处的斧凿重些，那里的轻些，很快变得小心翼翼；如果人类的思维和他的心一样跟随他的作品，所有这一切都能妥善处理，每个部件都能为另一个添彩；整体效果，比起由机器或无生命的手切割的同样设计的作品，如同声情并茂地朗读诗歌与念经般地背诵诗文之间的区别。有许多案例之间的差别难以察觉；但对那些热爱诗歌的人而言，处处有别——他们宁可不听，也比听那些念得毫无感情的要好；对于那些热爱建筑的人来说，手工匠作的生命力和印迹高于一切。他们宁可不要装饰，也比要那些错误的雕刻要好——无生命力的切割。我不能再重复了，粗糙的切割、拙钝的切割，都不一定是糟糕的；但是冷冰冰的切割——到处都是均等大小的糟糕重复——平滑扩散的死寂——如同平整的田野上的均等的田埂。此种冰冷，比起在其他部位，更容易在完成的饰面上表现——人会在完工时冷却下来、显出倦怠：如果完工要由抛光来表现，要用砂纸来达成，我们可以立即把这项工作交给切割机。但是正确的饰面应该是设计意图的完整体现；高明的完成面应该是良好意图和生动印象的完美体现；它更经常以粗糙来体现，而不应该用精致来体现。我不确定人们是否对此有足够的注意：雕塑并不只是将形体从石头中切割出来；它更应该是切割出效果。常常看到真正的大理石雕塑形体，完全不像它自身。雕刻家必须用他的凿子来作画：他有一半的凿刻不是用来实现形体，而是将力量注入形体：它们是光与影的触碰；隆起一道脊，或凿一个凹陷，并不是为了塑造一道真正的脊或一个凹陷，而是为了创造一条光影的线

图 5-12　菲耶索莱作品

条，或一个阴影的点。以一种粗糙的方式，此种处理手法在法国老式木雕中有很多体现；组合怪兽的瞳孔被直接刻成了一个洞，这样一来无论放置在何处，它总是黑的，能表现出各种奇异惊人的表情，目光流转，或鄙夷，或欣喜。或许此种绘画式雕塑的最高成就是米诺·达·菲耶索莱 ① 的作品（图 5-12）；它们最佳的效果由奇特的棱角、看起来粗糙

---

① Mino da Fiesole（约 1429—1484），意大利雕刻家，来自托斯卡纳。他的作品以半身肖像著称。——译者注

图 5-13　巴蒂亚教堂墓上的雕塑

的凿刻所造就。巴蒂亚教堂墓上的其中一个孩童的嘴唇（图 5-13），仔
细观察会发现它们只完成了一半；然而他们的表情却跃然而出，比我
见过的任何大理石作品都更优秀，尤其是它的精细程度以及孩童造型
的柔嫩之感。一个更严肃但毫不逊色的雕塑案例是在圣洛伦佐大教堂
的圣器室里，同样也是未完成的。我从未见过任何一个例子，形体彻
底真实和完整而能达成如此效果的（希腊雕塑甚至从未作过这方面的
尝试）。[3]

　　二十二、很明显，对于建筑构件而言，粗糙有力的处理必须总是最
切实可行的，因为更精细的饰面可能被岁月侵蚀，而饰面又必须确保
其效果；由于这不可能实现，即使人们希望更精细的饰面应该用来覆盖
整个宏大的建筑表面上，人们也能理解这种智慧有多可贵，它使得未完
成本身成为一种附加的表达；而尽管处理手法粗糙简陋，一个漫不经心

的作品和一个深思熟虑的作品之间的差异又有多明显。用重复的方式来保留所有物体特征并不容易；然而在铜版插图十四所示的鲁昂大教堂北门的浅浮雕上，读者应能找到一两个示范案例。教堂的三个立面上各有一个方形的柱基位于主尖塔之下，每边都有，有一个在中间；每一个都在两侧饰有五块四叶草装饰板。因此单单大门底部就有 70 块四叶草装饰，还不算外围环绕的那些，以及外侧基座上的：每块四叶草装饰都填满了浅浮雕，整体达到一个真人高度。一个现代的建筑师一定会使每个基座每边的五块四叶草装饰全部一样大小：中世纪的人却不这么做。整体形式显然是一块由半圆构成的四叶饰放置在方形的面上，但可以测量得出没有一个拱是真正的半圆，没有一个基础图形是方形。后者是菱形的，它们的锐角和钝角完全根据它们的大小尺寸来定；在这些菱形上的拱滑入这些部位，因为它们可以填在这些封闭菱形的角上，并使所有的四个角上的间隙以各种形态出现，每一个都填入一个动物。整块面板的尺寸因此变化丰富，五个中两个最低处的最高，随后的两个较矮，而最高的那个比最低的两个略高一些（最低的两个是一样高的），如 a，或随后的两个 b 中的任何一个，第五个和第六个是 c 和 d，随后是 d（最大的）：c=c：a=a：b。整体效果的优雅实在大大取决于这些丰富的变化。

　　二十三、据说每个角里都填以一个动物。因此就有 70×4=280 个动物，无一重复，仅仅是用作浅浮雕的间隙填饰。这些间隙中的三个以及它们的兽雕，其曲线可在石头上看到踪迹，它们的真实尺寸的如铜版插图十四所示。

　　我并不是指它们的整体设计，也不是说翅膀的线条和尺度，它们可能不过是最常见的优秀装饰作品，除了中央的龙以外；但是有证据表明其不寻常的深思熟虑和创作上的狂欢，至少在当下看来。上部左边的生物正咬着什么，它的形态在破损的石头上几乎不可追溯——但它确实是

图 5-14　鲁昂大教堂北门浅浮雕组图

咬着什么；读者只能从它奇特地复归原位的眼睛里辨别出一种从未见过表情，我认为，这种表情只能在狗玩笑地啃着什么，并准备叼着它跑开的时候出现：这一瞥的意味，只要它能被斧凿塑造，能通过与右侧昂首俯卧兽的阴郁和愤怒的眼神对比而感觉到。这兽的头部塑造，眉毛上的冠部的下垂十分优美；但在手的上方有一点处理特别独具匠心：雕刻匠对它的凶恶感到烦恼和困惑，于是它的手被重重地压在脸颊上，眼睛下方脸颊上的肉被此重压弄皱了。整个形体看来确实是粗鄙丑陋，人们会自然地把它与蚀刻画上的更精致雕琢的物体相比，但是考虑到它只是教堂大门外部装饰间隙上的一个填充件，并作为超过 300 个同类部件之一（因为在我的估算中没有包括外部基座），它证明了彼时艺术的高贵生命力。

二十四、我相信关于所有的装饰只应该问一个问题：它的创造是否伴随愉悦——雕刻匠雕刻它们的时候快乐吗？它或许是能想象的最难的工作，而正因为它包含了如此多的快乐，就变得更难；但它必须包含愉悦，否则它就没有生命。为了造就这些杰作，石匠付出了多少艰辛我无法想象，但这些杰作本身说明了一切。在鲁昂大教堂附近有近期的哥特教堂，它的总体构成实在糟糕透顶，但细部无比丰富；其中许多细部设计得很有品位，所有这些都表明工匠曾认真研究过古老的作品。但这些细部都仿佛 12 月的叶片一样朽败；整个立面上没有一处温柔的处理，没有一处温暖的雕凿。营造这建筑的工匠恨它，它完工了便算谢天谢地。他们的工作只是把黏土的造型涂抹在墙上：拉雪兹公墓上的花环看上去都比这更欢快。你无法用金钱的投入来获得恰当的感觉——金钱无法买到生命力。我甚至不觉得你能用被动等待的方式得到这种感觉。确实常有工匠生来具备此种情感，但他并不会满足于糟糕的作品——他会奋勇前进成为一名建造技艺的专家；而从工匠留存下来的建筑来看，这种力量已经消失了——我不知道有多少能重现，我只知道，当前所有投在雕塑装饰上的花费而体现出的力量，成了为献祭而献祭，或更糟。我相信我们仍可造就繁复装饰的唯一方式，是几何形体的彩色马赛克，从我们费力地运用此种设计中能获得许多。但是，在所有情况下，我们的力量中有一种东西——不用机器生产的装饰和铸铁作品。所有轧花金属板、艺术石、仿木和铜，我们常常听到人们津津乐道于它们的创造——所有短期、廉价和简易的方式，它们的难度与它们的荣耀相衬——在我们已经阻碍重重的路上又多了一重障碍。它们不会使我们中的任何一个更快乐或更聪明——它们既不能使我们更骄傲地评判，也不能使我们有更高的享受。它们只会令我们的见识更浅薄，使我们的心更冷漠，使我们的智慧更贫瘠。以最光明正大的方式。因为我们来到这个世界，不是为了做那些我们从未全心全力投入之事。我们干某些营生来谋生，辛苦劳碌；做另一些营生却是因为我们真心喜爱，全心投入：这两种工作没有一样可以打折扣或被替代，只能由意志力支撑；不值得此番努力的事完全不应去做。或许我们劳作无非是为了磨炼心智或意志，其本身无用；但在任何情况下，辛勤劳作的些微作用也可能白白浪费，如果它不值得我们用双手或力量去创造的话。无论我们投机取巧，使劳作失去应有的权威，或是忍受过时的方法，这两者都不会使我们与我们的作品一起不朽：一个人只要能以自我意识创造作品，即使由其他工具而非用自己的双手来实现，如果可能的话，也能为天堂的天使献上闪亮的风琴，使他们的奏乐更容易。人类存在中有足够多的梦、质朴和感性，不需要我们把劳作仅有的荣光变成机械；我们的人生无非犹如一团短暂冒出的蒸汽，很快就要随风飘散，那就让它至少成为一朵漂浮在天堂高度的云，而不是笼罩在炉膛火焰上、盘绕在轮盘周围的一团厚重的黑烟①。

---

① 此处以黑烟喻指工业革命带来的技术。——译者注

注释

[1] 是的。因此我们可以直截了当地用"死亡"这个词，无需用那些隐喻或不准确的玄学。我们漫不经心地称为虚假的希冀或仁慈，只不过是错误的希冀或仁慈。真正的问题只有一个——我们究竟是死了还是活着？——因为，如果内心已经死亡，只是行尸走肉地活着，我们只是在播撒死亡的种子罢了。

[2] 我很高兴看到我在早年的看法就如此准确；——如果我能更精确一些，不要过度阐释，我就能把花费在那些无用的火花上的最宝贵的精力节省下来，投入更精细的图解绘制！我或许可以用这些时间将圣马可教堂和拉沃那教堂全部绘制下来。这本过时而唠叨的书对读者还能有什么用处，只能让读者自己把握——至少我自己看不到什么用处。现在英格兰唯一有生命力的艺术就是当街张贴的广告。

[3] 括号中的句子完全错误；本段的其余部分却是正确而重要的。希腊雕塑的斧凿手法在我的《Aratra Pentelici》中得到了完全的阐释。

第六章　记忆之灯

　　一、在笔者的人生历程中有许多独特的感动时刻，其中有一次是在数年以前的一个临近日落的时分——这个时刻超越了凡俗的欢乐或清晰的教诲——那是在法国汝拉省 ① 香槟区的乡村，在如裙边一般围绕着安省 ② 的松林的碎影之中。这是阿尔卑斯山区的一处庄严肃穆之所，却毫无荒凉之感；在那里我感觉到大地开始显现一种伟大的力量，并感到某种深切而宏大的和谐从布满松林的山丘那绵延的线条中升起；这些宏伟山峦构建的交响乐的第一个乐音，很快就在阿尔卑斯山群峰的争斗中奏响，猛烈碰撞。但是它们的力量依然遭到抑制；绿草如茵的山脊彼此绵

---

① Jura，法国东部，以汝拉山脉得名。——译者注
② Ain，法国毗邻比利时的一个省。——译者注

延相连，像漫长而叹息的海浪涌动，越过平静的水面，传来远方海域的风浪。有一种深沉的柔和穿透了这宏大的单调。中央山脊那破坏性的力量和沉重的表达尽皆收敛。被霜冻犁过、被尘土阻隔的古老冰川没能扰动汝拉省柔软的草场；破碎的废墟也没能干扰她那森林的美丽阵列；苍白、污浊和湍急的河流也不能在她的岩石间留下的粗野多变的路径。清新的绿色溪水以团团漩涡耐心地蜿蜒在那著名的河床上；在未被扰动的沉静松林之下，年深日久萌发出了我在全世界所有被赐福的土地上都未见过的欣悦的花海。恰是春日时刻；群花相拥出现，极度亲密；有足够的空间容纳这些花丛，但它们的叶片挤碎成各种特别的形状，仅仅为了更紧密地拥挤在一起。有银莲花，星星点点，彼此连成一片星云：有酢浆草，一队队像圣母巡行的队列，黑暗笔直的石灰岩峭壁仿佛厚雪那样阻挡它们，却在边缘饰以常春藤——如葡萄藤一般轻巧可爱；随后，又有大量的紫罗兰喷涌而出，与樱草的铃铛同在阳光下闪耀；在更开阔的地方，薇菜，紫草和丁香花，圆锥花的小蓝宝石般的花蕾，和一星几点的野草莓——所有花卉都沉浸在深沉、温暖和琥珀般的苔藓的金色柔和之中。我从深谷边走出来；溪水孤寂的潺潺声忽然从下方上升，与松枝间画眉的吟唱混在一起；在被灰色石灰岩峭壁如墙一般围闭的山谷的另一边，有一只鹰低头缓慢地掠过山眉，它的翅膀几乎能碰到峰峦，松林的阴影在它的羽毛上掠过；它只要向下俯冲一百英寻①，就会降落到深藏的绿色潭水，波光粼粼的水波随着它的身躯飘浮。一片景致如果仅依赖它自身静谧庄重的美，而不与其他景色相比较，就很难被领会；但是笔者仍清楚记得，当他为了更深切地探询这景致震撼人性的来源而试图想象新大陆的某些原始森林时，眼前的这景致突然呈现出空虚和无趣。这里的花朵瞬间失去光彩，流水瞬间失去韵律（附录十五）；山峦变得

———————
① 见第三章第五节译者注。——译者注

压抑而平淡；幽暗森林中的沉重枝条显示了它们之前的力量多大程度不依赖它们自身，生生不灭的造物更新演化之荣光更多来自人们对它们的纪念。那些不断萌发的花朵和不断流动的溪水已被人类的坚韧、英勇和美德染上了深深的色彩；那些在夜幕下升起的巍峨山峰受到一种更深的崇拜——因为它们远远投向东方的阴影，落在汝拉要塞的铜墙铁壁① 和格兰森② 的方形塔楼上。

　　二、建筑正是这种神圣力量的集中和守护者，值得我们更严谨地看待。我们可能没有建筑而生活、敬神，但我们却无法没有建筑而纪念先人。比起不断演化的民族所展现的、不朽的大理石构筑所承载的历史，所有的文字与图像的记载都将黯然失色！我们留存了多少可疑的书面记载，却留不得几块实实在在的石头！从前巴别通天塔的建造者的雄心总是一再重演：人类的健忘有两个强大的征服者，诗歌与建筑；后者在某种程度上包括了前者，它在现实中更有力；我们不仅要保留先人的思想，更应保留他们亲手营造之物，由他们的力量所筑造的，被他们的眼睛长久注视的。荷马的时代被黑暗笼罩，我们对其人格疑惑不解。伯里克利的时代却不是如此：我们必须承认已经迎来了这样的时刻，我们从雕塑的碎片中对希腊获得的了解，比从那些甜蜜的歌颂者和卫道的历史学家那里获得的要多得多。如果我们对过去的认知确能使我们获益，或者我们有幸得到后世纪念，这的确能给当下的建造提供力量、为当下的坚持给予耐心，那么有两个关于民族建筑的职责，其重要性再怎么强调也不为过；第一个，是了解当代建筑的历史意义；第二个，是保留过往的建筑作为我们最珍贵的遗产。

　　三、作为这两个职责中的第一个，纪念性可能真正地被称为建筑的

---

① Fort de Joux，法国汝拉山脉的一座城堡，高踞于蓬塔利耶山峰之上，后变为防御要塞。——译者注
② Grandson，瑞士沃州（Vaud）地区的一个郡属。为勃艮第战争所在地。——译者注

第六盏明灯；因为在成为纪念物这个意义上，真正的完美被民间的建筑保留着；部分是因为它们呈现出一种十分稳固的形态，部分是因为它们的装饰被赋予象征意义或历史意义。

至于住宅建筑，我们应始终对它的力量有所敬畏；我总是禁不住认为，如果某个民族的宅邸只能存在一代，这可能兆示着他们的邪恶；一个善人的宅邸有神圣不可侵犯的意味，不可能被它的废墟上迅速升起的经济性公寓代替：我相信善良的人们会感觉到这一点；当他们度过了愉快高贵的一生，在他们身故之后，我们应当惋惜他们在尘世留存的寓所，它们几乎印证了他们的荣耀、欢欣和挣扎。也即是说，以房舍承载的所有历史，和它们热爱和拥有的所有物质，这些都在它们自身留下了印迹——然而一旦坟墓里有适合它们的位置，它们便立即成为历史的尘埃；人们不会对它表示尊重和喜爱，他们的后代不会从它身上汲取任何优点；尽管在教堂里有纪念碑，在人们的心中和家里对它却没有温暖的留念；前人所珍惜的都被舍弃了，遮蔽和安慰他们的场所被弃置在尘埃里。我认为一个善良的人会惧怕这些；更有甚者，一个好儿子，一个有尊严的后代，不敢如此毁灭他父亲的房舍。我认为如果人的确像人一样居住，他们的房舍将成为寺庙——我们几乎不敢损毁寺庙，如果寺庙允许我们入住，我们会变得神圣；如果所有人都宁愿只为自己建造，在他的人生中对建构几乎无所革新，这只能消解我们天生的感情，使我们无法对家庭馈赠和父母遗留的房屋产生感恩之情，我们无法因此而继承父辈的荣耀，而我们自己的人生也无法使家宅成为后代的朝圣所。当我看到那些阴郁而千篇一律的行列式住宅，那些可怜的石灰凝结剂和黏土，柱头旁的砂浆区域中长出的霉斑——那些纤细、摇摇欲坠而没有根基的切割木材和仿石材料，它们苍白而无趣——这不仅仅眼睛遭到冒犯时油然而生的厌恶，不仅是对亵渎风景而生的悲哀，同时也是痛苦的预见：如果它们就这样无根地置于故土之中，这个国家的文化必定会被深深地腐蚀；那些不舒适、没有尊严的居所是全社会普遍精神沦丧的标志；它们标志着，所有人都想置身于比他的天性更人工化的场所，每个人习惯性蔑视过去的生活。人们在建造房舍时就想着有朝一日要离开，定居于此却渐行忘却；人们不再能感到家宅的舒适、宁静和宗教感；挣扎混乱的人群聚集的经济型公寓，同阿拉伯或吉卜赛人的帐篷几乎没有差异，这些帐篷不接纳天堂的空气，在大地上选择的定居点也不能使人幸福；他们牺牲自由却无法获得安逸，牺牲稳定却无法获得奢华。

四、这绝不只是轻描淡写的小恶：这是不祥的、有传染性的、迅速增殖的错误和不幸。当人类不爱他们的壁炉，也不敬重他们的门槛，就有迹象表明他们对两者都不再有敬意，他们也从未意识到基督教崇拜优于异教的真正普适性不在于虔诚，而在于超越偶像崇拜。我们的上帝是一个宅神，正如他是天国之神一样；他在所有人的居所里都有一个圣坛。让人类敬重这圣坛吧，即使他们要打碎这圣坛并倒出香灰。一个国家的住宅建筑应如何建造、寿命有多长、完成度多高，这并不仅仅关系到人眼所见的快乐，也不仅关系到智力上的优越，或是文化上的偏好。它更关系到一种不可免除的道德责任，因为对这种责任的理解取决于一种精心调节与制衡的意识，以使我们的居所精心、细致、愉快地建造，勤勉地完工，使它们的寿命至少延长至——以通常国家的历史进程而言——至少应该延长到当地的偏好发生方向上的变革为止。这是至少的；但如果在所有可能的例子中，人能够把他们家宅的尺度建造得仿若赤子般质朴，而非建功立业后的宏伟，这就更好了；使这些房屋建造得尽人类劳力所能达到的坚固程度；如果可能的话，为他们的子孙留下记录，让子孙了解它们的建筑方式。如果建筑这样建造，我们就能拥有真正的国家建筑风格，这是所有其他方面的开始，以尊重和深思熟虑的态度一视同仁地对待小屋和大厦，它会以完满的成熟气质投入狭窄的尘世。

五、我将这种可敬、骄傲、平静的自持精神和历久而完满的智慧，看作几乎是所有时代伟大的文化力量的主要来源之一，它超越了古代意大利和法国伟大建筑的主要来源的争议。及至今日，它们最美丽的城市的品位不取决于那些宫殿的遗世独立的奢华，而取决于它们最荣耀时期那些微不足道的平民房屋的可贵而精致的装饰上。威尼斯最精致的建筑作品是大运河口的一座小房子，由底楼一层和楼上两层组成，三扇窗子在一楼，两扇窗子在二楼。最精致的建筑都在狭窄的运河上，尺度都不大。15 世纪意大利北部最有趣的作品之一，是在维琴察市场背街的一座小屋；屋上印刻着 1481 的年份，以及 "*Il. n'est. rose. sans. Épine*" ① 的铭文。它也只有一个底层和上部两层，每层三扇窗，层间被丰富的花饰所分隔，有阳台，中间的阳台被一只张开翅膀的鹰支撑，旁边的两个由站在丰饶角 ② 上的带翅的狮身鹰首兽支撑。认为建筑只有尺度大才能建造精良，这完全是现代的思维；这等于认为除了那些比实物大的尺度以外，没有图像可以表现历史。

六、因此，我希望我们的家宅能屹立长久且外表宜人；尽可能装饰丰富而赏心悦目，从里到外；建筑有大多程度在风格和形式上彼此相似，我现在无法说清；但无论如何，它们之间的差异足以恰当表达每个人的个性与职业，甚至他的一部分历史。我认为，这种附加在房舍上的权利，属于它的缔造者，并会使其子孙景仰；应该在恰当的位置留出空白的石块以铭刻建造者的人生历程和经验的概述，从而将他的居所上升为某种纪念，我们也应当把从前普适的好习俗发展成为更加系统的指导原则——这种习俗在瑞士和德国的某些地区依然保持着，也就是凭着上帝光荣的许可来建造和拥有一个安静休憩地，并以尽可能甜美的语言描

---

① 法语"无冕而生"。——译者注

② cornucopia，在古典艺术中，丰饶角是物资丰饶的象征，通常表现为一个大型兽角作为容器，里面盛满了各类产物、花卉或坚果。——译者注

述这些建筑。以下铭文是我从格林德沃村延伸向低处冰川的草地之间新建小屋的正面摘录的：

> 怀着诚挚的信念
>
> 约翰尼斯·默特和玛利亚·露比
>
> 命人建成此处房舍
>
> 上帝之爱将护佑我们
>
> 免遭一切不幸与危险
>
> 令此处永浴恩典
>
> 穿过悲伤的现世
>
> 抵达荣耀的天堂
>
> 那里是所有虔信者的居所。①

　　七、公共建筑所包含的历史意蕴应当更加明确。这是哥特建筑的优点之一，此处哥特这个词包含最宽泛的定义，与古典建筑相区别——这样它的含义就更宽泛。它细小且变化多端的雕饰表达了意图，既是象征又是具体表达，这是展示国家形象或成就的需要。需要更多的装饰，而不是凸显主要特征；即使在哥特建筑最深思熟虑的阶段，很多建构都凭自由喜好来处理，或仅仅由重复国家象征或特点构成。然而，即使仅仅在表面装饰上牺牲哥特建筑精神所容许的丰富性的力量和优势也是不明智的；尤其是在重要特征——柱头或浮雕，或者凸砖饰带，当然也在所有允许使用的浅浮雕上。用粗糙的构件讲述故事或记录事实，也比用许多华丽装饰却不表达意义要好。优秀的民用建筑不应使用任何不带文化意味的装饰。对历史的实际表达在现代已经被一种牢不可破的丑陋所替

---

① 原文为德语。——译者注

代：像一件无法处置的外衣。然而，如果使用一种足够大胆而有想象力的手法，并直白地使用象征，所有这些障碍都能被克服；或许不必达到将雕塑塑造得非常完美的程度，但无论如何使它成为建构的宏伟而显著的元素。以威尼斯总督府的柱头的排布为例，在此处历史确实由室内装饰画家来表现，但是它拱廊的每个柱头都充满了意义。在入口旁边的大柱头是整个建筑的角石，被用来表现抽象的正义；在其上方的所罗门的审判的雕像，它的处理以漂亮地服从于装饰目的而著称。这些造型，如果这一主题主要由它们构成，将会尴尬地打断天使的线条，消解其显著的力量；因此在他们之间完全没有联系，而恰好在行刑者和处在中间的母亲之间，升起了一棵肋拱的巨树，支撑并延续了天使形支柱，其上方的叶子遮蔽并丰富了整体（图 6-1）。[1]下方的柱头在树叶间支撑着一尊带着冠冕的正义之神，图拉真对寡妇施以正义，以及亚里士多德的铭文"che die legge"[2]，一两个其他主题现在由于朽坏而无法辨别了。下一个柱头代表了一系列的美德和恶行，作为保持或破坏国家和平与力量，最后以信仰之神结束，有铭文"Fides optima in Deo est"[3]。在柱头的对面一侧有一个雕像，代表对太阳的崇拜。在这些之后，有一两个柱头用鸟装饰得十分美丽（铜版插图五），随后一系列的造型，首先是丰富的植物，随后是民族服装，再是臣服于威尼斯规条之下的各国动物。[4]

八、先不必说重要的公共建筑，让我们来想象我们的印第安小屋以

---

[1]　"所罗门的审判"典出自《旧约·列王纪上》(3：16—28)，主要情节为：两个女人抱着一个男婴来到所罗门王跟前，要求他评判到底谁是真的母亲。所罗门王见她们争执不下，便喝令侍卫拿一把剑来，要把孩子劈成两半，一个母亲一半。这时其中一个女人说："大王，不要杀死孩子。把孩子给她吧，我不和她争了"。所罗门王听了却说："这个女人才是真的母亲，把孩子给她。"——译者注

[2]　意大利语"法律"。——译者注

[3]　拉丁语"信仰上帝为至善"。——译者注

[4]　见第四章图 4-21。——译者注

图 6-1　威尼斯总督府转角柱头上表现"所罗门的审判"的雕刻

富有历史意义或象征性的雕塑来进行这样的装饰：先建造一座宏伟的大厦，然后用浅浮雕表现印第安战役，用东方树叶的雕刻装饰，或嵌填入东方石块，更重要的装饰部件由印第安生活和景观组合构成，显著地表达印度教对基督教臣服的幻想。这样一件作品是否能比一千个历史事实更有表现力？然而，如果我们不进行这样一番努力来进行必要的创造——这是用来掩盖我们艺术上的贫瘠的最堂皇的理由，或者，即使用了大理石，我们在描述自己的时候总觉得逊色于欧陆国家——至少我们没有理由指望有什么能保持建筑屹立长久。由于这个问题事关选择什么模式进行装饰，接下来我们有必要详尽地阐述一番。

九、大众的善意的关注焦点很少有望延续超过他们自己的这一代。他们可能指望子孙后代成为观众，希望引起他们的注意，并赞赏自己的劳作——他们可能希望子孙能够承认他们留下的作品中未被认可的美德，并希望以现代建筑的错误来为其正名。但这些无非是自私行径，却没有对他人投以哪怕丁点儿关注或考虑，我们乐意用这些人来扩充我们的追捧者的数目，或有幸借用其权威来支撑我们目前有争议的主张。为了子孙后代而进行自我否定，为了尚未出生的评判人而勤俭节约，为了给后人遮阴而种植森林，或为了未来的国民生活而兴建城市，我认为这些意图从未发生在公众认可的营造动机中。然而这些并不是我们的职责；也不是我们存活于世的目的，除非我们想要建筑不仅能被同时代人使用，也能留给继承者，甚至参拜我们的人。神已经把土地赐给我们生活；这已经是莫大的恩泽了。正如建筑属于我们一样，它也属于我们的后人，他们的名字已经书写在造物的书里；无论我们做或不做什么，我们都没有权力使建筑经受不必要的惩罚，或剥夺他们的待遇——如果这些待遇是我们所能掌控的话。更有甚者，由于人的劳作基于如下指定条件：播种和丰收之间的时间长短决定了果实的丰收程度；因此大致上，我们的目标越远大，我们越不可能亲眼看到我们辛苦建造的成果，我们的成功就需要更宽广和丰富的衡量。人类不可能像惠及他们的子孙后代那样惠及他们同时代的人；在所有传播人类声音的布道台当中，没有什么比已故者从坟墓中传出的声音传播得更远的了。

十、在这一方面，当下的行为不会对未来造成任何损失。每一个显示出尊严、优雅和真美的人类行为，都会产生与之相关的成果。远见、平静和自信的耐心，而不是任何其他美德，将人与人区别开来，并使人接近造物主；没有一种行为或艺术的美无法用此种标准来衡量。因此，当我们建造，让我们认定我们所造之物将永存。让它不仅为暂时的欢乐，也不仅为了当下的使用而造；让它成为这样一件作品——我们的子孙后代将感谢我们；当我们把石头堆砌起来的时候，我们应当相信未来会有一刻，当这些石头因为我们双手的触碰而被认为神圣，当人们说他们景仰建筑中辛勤劳作所构成的物质，"看！这是我们的父辈为我们建造的"。因为确实，建筑最伟大的荣耀不在它的砖石或金饰上，而在于它的岁月，在于深刻的感召力、威严的形态、神秘的归属感，不，甚至在于人们对它的认可或批判上——长久以来我们一直能感受到，建筑墙体被人格的浪潮冲刷着。在它们长久的对人类的注视中，在它们静默地展现世事变迁的演化中，在季节和岁月流逝的力量中，在朝代更替以及沧海桑田的变幻中，在大海的限度以内，建筑维持着它雕塑般的、一时无法超越的美好形体，把逝去和未来的岁月连接在一起，一方面也构成了民族的标志，正如它参与到民族文化的交响之中那样；正是岁月的金色印痕，使我们能在其中寻找建筑真正的光、色彩以及珍贵性。直到一幢建筑物能够承担这样的特征，它才能当得起此种荣耀；直到它能被人类的行为所尊崇，它的墙体才能成为苦难的象征，它的柱子只有从死亡的阴影中升起，它的存在才能比周围的自然造物更长久，才可视为同语言和生命一般不朽。

十一、那么，我们就必须为这样的前景而建造；我们不会抗拒当下完工的乐趣，也不会犹豫是否应该追寻建构的某种特征，这个特征可能取决于最高程度完美的精致细部，即使我们可能推测在一定的年月之后，这些细部可能会灭失；但是请注意，对于此类作品，我们牺牲的绝非长久的品质，并且这座建筑不应依赖于任何会灭失的部分来体现其震撼力。这确实应当是任何情况下建构的正确法则，对建筑体量的排布，比起那些细节的处理来，应当总是首要任务；但是在建筑中，有许多此类细部的处理是有技巧的，另一方面也与时光所可能带来的效果成比例：并且（这需要更多的考虑）在这些效果中有一种美，是任何其他元素所无法代替的，也是我们的智慧应当借鉴并渴望的。因此，尽管我们一直在讨论岁月的感觉，在其印痕中也有一种美如此震撼以至于常常成为某些艺术学派特别选择的主题，并使这些学派留下了特征，常常笼统地被称为"如画"①。由于它使用得如此频繁，我们现在的目标中很重要的一点就是要确定这个表达的真实含义。我们需要从这个词的使用中提炼一个原则，因为它已经神秘地成为了我们评判艺术的确实基础，却从未被解读成为确实可行的方法。可能没有确切的语言（除了理论表达以外）能描述一个如此常用而如此引起争议的主题。然而在人们接受它们之时却没有更多的困惑，在我看起来探询这一理念的精髓绝非琐碎的兴趣，这一理念所有人都能感觉到，且（表面上看来）与类似的事物有关，然而所有试图定义它的努力，就我相信，或者仅能列举与这一术语相关的效果和物体，或者仅尝试对显而易见的琐碎特征进行抽象归纳，比对任何其他主题的不上档次的玄奥的研究更琐碎。例如，最近一期《艺术》杂志的评论严肃地阐述了"如画"的精髓理论，认为它可

---

① "如画"（Picturesque）是 1782 年由威廉姆·吉普林提出的美学理念。如画，以及哥特和凯尔特美学文化潮流，是 18 世纪浪漫主义思潮的组成部分。"如画"所倡导的经验主义审美强调非理性，这挑战了启蒙运动和理性主义的美学观念。"如画"在美（Beauty）与壮观（Sublimity）两种相反的美学理念中提供了一种调和。——译者注

由"普遍的腐朽"这一表达构成。尝试以一幅枯萎的花或腐败的植物的绘画来表达"如画"的理念可能相当有趣,追寻此种理论的推论应当同样有趣,它应当得出一匹蠢驴(ass colt)也是"如画",而不是一匹马(horse foal)。但有很多理由可以为此种推论的最严重的失败辩护,由于"如画"确实是正式呈现给人类思维的最含糊的概念之一。这一理念本身就根据不同的人研究主题的不同而变化,没有任何定义可以在它纷繁复杂的形式中拥抱超过一定数量的案例。

十二、无论如何,这些奇怪的特征将"如画"与更高层次艺术的主题风格分离开来(这是我们目前亟须澄清的最重要的一点),可能可以简化地、决断地予以表达。"如画",在这个意义上,是寄生式的宏伟。[①] 当然所有的宏伟,与所有的美一样,在简单的语源学意义上都指"如画",也即是说,适合成为一幅画;并且其实所有的宏伟都是"如画",即使在特殊意义上——这一意义我敢于深入阐述——它是与美相悖的;也就是说,在米开朗琪罗的作品中比佩鲁吉诺的作品中有更多"如画",是由于宏伟元素过多凌驾于美的元素之上。但是极度追求这种特征被普遍允许称为艺术,而此种特征就是寄生式宏伟;也就是说,宏伟或依赖于偶然性,或依赖于它从属的物体的最不重要的特征;"如画"相当明显地与宏伟的特征要旨的距离有关。因此,两种理念对"如画"都相当关键——首先,关于宏伟(纯粹的美绝非"如画",仅仅成为混杂在宏伟元素中的一些东西),其次,关于从属于或寄生于宏伟的部分。当然,无论线条或阴影或表现的特征都能产生宏伟,它们也都能产生"如画";这些特征是什么我在下面想要详细讲一讲;但是在这些普遍被辨识的特征中,我可能要特别提及成角或断裂的线条——这

---

① 宏伟,原文为 Sublimity,虽然字面直译为"宏伟",但其实际意义包含,"令人崇敬,震撼人心"等义。——译者注

强烈地违背光与影的法则，以及阴沉、深邃或者大胆的对比色；或者所有比这些更夸张的效果，当它们以相似或结合的手法出现，提醒我们注意那些真正重要的宏伟存在的物体，比如岩石或山峦，或云雾波涛。那么，如果这些特征或任何其他更高或更抽象的宏伟能在我们冥想的心中或本质中找到的，像米开朗琪罗仰赖于他的人物的精神特征的表达，却不用高贵线条的排列，表现此种特征的艺术则无法恰当地被称为"如画"：但是如果它们能在偶然或外露的特质中找到，就成了明显的"如画"。

　　十三、因此，弗兰契亚①（图 6-2）或安杰利科（图 6-3）处理人物面部特征时，光影仅用来使面部轮廓的形体彻底显现；对于那些形体本身，观看者的思路被彻底引导着（也就是说，被引导注意最首要的形体）。所有的力量和所有的宏伟取决于此；此处光影用来表达形体。相反，在伦勃朗（图 6-4）、萨尔瓦多或者卡拉瓦乔（图 6-5）笔下，形体却用来表现光影；人的注意力被吸引，并且画家的力量也着重于偶然的投射在这些形体周围的光影。至于伦勃朗，常有一种极致的宏伟在周边氛围的创造和表达上，总是有一种更高程度的宏伟在光影自身之中；但是大部分画面，所绘的物体依然有寄生或植入的宏伟，也就是有一定程度的"如画"。

　　十四、还有，在帕特农神庙的雕塑排布上，阴影经常用一个黑暗的区域表达，在其上绘制形体。这在柱间饰上非常明显，在三角楣上几乎也是如此（图 6-6）。但是这种光影的使用完全显示了形体的限制；是它们的线条，而不是它们背后的光影，才是艺术与眼睛着重的注意点。形体本身在完全的光亮中被感知，并由明亮的反光加强。在花瓶

---

①　Francia（1450—1517/1518），意大利文艺复兴艺术家，15 世纪晚期博洛尼亚主要画家。弗兰契亚成熟的风格在"圣母升天"（1504）等作品中明显可见，以翁布里亚式的柔和的风景、布满如画的岩石构成与绘制精美的树和拉长的人体为特征。——译者注

图 6-2　弗朗西斯科·弗兰契亚的《贡查加的弗里德里科二世》

图 6-3 安杰利科的《圣劳伦斯布施》

图 6-4 伦勃朗的《伊玛努斯的晚餐》

图 6-5　卡拉瓦乔的《伊玛努斯的晚餐》

图 6-6　帕特农神庙完整复原图

上，它们被画得彻底成为在黑色背景上的白色形体：雕刻匠倾向于不使
用——或甚至挣扎着避免——表达形体所不必要的阴影。相反，在哥特
雕塑中，阴影自身成为了设计主题。它被认为是一种黑暗的颜色，被排
布成为某种恰当的体量；形体经常从属于它们的分割布局：人物的服装
以牺牲其覆盖的形体的代价而塑造得较为繁复，以增加阴影区域的丰富
多变。因此，在雕刻和绘画两个领域，多少都有两种相反的学派，一者
追随其主题的关键形体，另一者追寻落在形体上的偶然的光与影。两个
学派之间有各种不同程度的对比：取中间调的，比如克雷乔的作品，以
及各种形态、不同程度的庄严以及颓败（图 6-7），但是前者常常被认
为是纯粹，后者被认为是"如画"。"如画"部分的处理能在希腊作品
中找到，纯粹和非"如画"的作品能在哥特作品中找到；两者皆有的，
则有无数的案例，明显的如米开朗琪罗的作品，其中阴影由于成为表达

图 6-7 克雷乔《圣母爱怜圣子》

的媒介而格外重要，因此成为关键艺术特征之一。我现在无法再深入探讨这些纷繁复杂的差异和例外，我只希望证明其普遍定义的宽泛运用。

十五、再回来，我们会看到区别是存在的，根据不同主题的选择，不仅在形式与阴影上有区别，在关键与次要的形体中也有区别。戏剧化和"如画"学派的雕塑的主要区别之一，可以在头发的处理上看到伯里克利时代的艺术家，将头发看作一种累赘之物（附录十六），仅用极少粗糙的线条来表达，每个细节都从属于人物和特征的主体。这完全是艺术处理，而非民族特征，这一点就无需赘述了。我们只需记住在温泉关战役前夜被波斯间谍报告的、希腊城邦雇佣的斯巴达人，或者看一看荷马所描述的任何理想形体，看看雕塑化有多纯粹地作为一个法则而减少了头发的痕迹，唯恐因为不可避免的材料缺陷而干扰人体造型的差异。相反，在后代的雕塑中，头发成了工匠注重的主要元素。当所有的形体和四肢被累赘地表达，头发有所卷曲，切分成突显和有光影的凸起，排布成为精致的装饰体量：在这些线条中虽有真正的宏伟和明暗对比的体量，但就它所表达的物体而言，依然是寄生式的，因此也是"如画"。同样我们也能将此术语运用于现代的动物画，显然是由于它们的皮肤有奇怪的色彩、光泽和纹理。这种定义也不仅使用在艺术领域。在动物自身，当它们的宏伟取决于肌肉的形式或动作，或取决于必要和主要的特征——这在马的身上表现得比其他动物更显著——对此我们不能称之为"如画"，而是认为它们可以奇特地与纯粹历史主题结合。它们的宏伟特征完全与其转化而成的累赘之形成比例——成为狮子的鬃毛，成为鹿的角，前面列举的驴驹蓬松的毛发、斑马的斑，或羽毛——它们变得"如画"，并且在艺术里完全与这些累赘特征的突出程度成比例。这往往可能最适用，因此也最显著；在这些"如画"之中常有最高程度的威严，如同在豹或野猪身上那样；在丁托列托和鲁本斯等人的手中，此类特质成为加深最高与最理想的印象的手段。但是他们创作思想上的"如画"方向总是如此显著地表现在较次要的特征之中，像是附着在表面上，并从中发展出于所绘形体相区别的宏伟；宏伟在某种程度对所有创作对象来说是普遍的，对其构成要素也是一样，无论它是在蓬松毛发的裂隙和褶皱中，或在岩石深渊和裂缝中，或在悬崖山边的灌木丛里，或在五色变幻的贝壳，羽毛或云朵的明亮和阴郁交替的调子之中。

十六、再回到我们目前的主题，在建筑中情况往往是这样，附加和偶然的美时常与保留下来的原有特征不相符，"如画"因此也能在废墟中发现，也可能包含在朽坏的遗迹之中。无论如何，即使在这样的情况下发现，它也存在于裂缝、裂口、斑点或植被本身的高贵中，它们使建筑与自然相仿，赋予它普遍被人类的眼睛所喜爱的色彩和形式。只要建筑的真实特征就此灭失，这就是"如画"；那些更关注常春藤的茎秆而不是柱子的柱身的艺术家比选择用头发而不是面部表情作为手法的低劣的雕塑家行使了更多大胆的自由。但只要它可以呈现与内在特征的一致性，建筑"如画"或外部的高贵比任何其他物体都有更庄严的用途，它显露了岁月痕迹，正如前面所说，这是一座建筑最荣耀的构成部分；因此，此种荣耀的外部标志拥有的力量和信念比它任何部分的浅薄敏感的美更震撼；这一点在我脑海中如此关键，以至于我认为一幢建筑物直到四到五个世纪过后才能被认为达到其鼎盛状态；并且整体细节的选择和排布应当参照它们在这一时期之后的外表，因此，如果在漫长的岁月中，由于气候的腐蚀或物理退化，使得某些建构因为材料破损而毁坏——任何这样的建构都不应得到容许。

十七、我的目的不是要探讨这一原则的运用涉及的任何问题。他们包含了太大的兴趣和复杂性，此处无法尽述，但这也应更广泛地加以关注，那些符合以上所述的"如画"定义的建筑都与雕塑有关，也就是说，它的装饰取决于阴影区域的排布，而不是轮廓的纯粹性，它们不显得破败，但当它们的细节被部分磨损，通常能获得丰富的效果；当容易腐朽的材料——比如砖、砂石或软石灰石——被使用时，应该总是采用这样的形式，这在法国哥特建筑中尤其显著；而或多或少取决于线条干净纯粹的风格——比如意大利哥特——必须由坚硬而不易解体的材料建造——花岗岩蛇纹石或结晶大理石。毫无疑问当地可获得材料的品质影响了两种不同风格的构建；它仍将在我们今后的选择中起到更具决定性的作用。

十八、我在此文中不准备详尽阐述上文提过的第二点——我们所拥有的建筑学遗产，但简单说几句应不为过——在现代尤其必要。建筑复原的真正含义，一直以来被公众和那些关心公共纪念物的人误解。建筑复原其实意味着一座建筑能遭受的最彻底的毁灭：彻底破坏，不留丝毫残留；并伴随着对被破坏之物的虚假描述。[1]我们在最重要的问题上不应自我欺骗：复原所有曾使建筑物变得宏伟或美丽的元素是不可能的，就像让死人复活那样不可能。前文我所坚持的建筑整体的生命力，这种精神只能由工匠的双手和双眼来造就，再也无法复归。另一种精神可能由另一个时代缔造，那将是一个新的建筑；但死去的工匠精神再也无法唤起，也不能再使它指引另一双手或另一种思维。至于直截了当的复制，那显然也是不可能的。什么样的复制能够重现已经磨损半英寸的表面？整个建筑的饰面已一去不复返；如果你尝试还原本来的饰面，你只能猜测；如果你复制残留的部分，如何确保保真度（什么样的关注、谨慎或费用可以确保它？），新的仿品比旧作好在哪里？旧作仍有生命力，某种神秘的表征揭示它曾经的样貌，以及它已经失落的东西；雨露阳光锻造的柔和线条流露出些许甜美。新雕刻那粗暴的硬度中可没有这些。看看铜版插图十四中我绘制的动物，它是建筑生命力的例证，假如鳞片和头发痕迹，或者额头的皱纹有一天消失了，谁能来复原它们？复原的第一步（我已经一次又一次地看到它，出现在比萨的洗礼堂上，在威尼斯索菲亚宫上，在利雪大教堂上），足以将老的建构破坏殆尽；第

图 6-8　鲁昂正义宫

二步通常是给建筑加上最廉价低劣的模仿以蒙混过关，但无论如何，不论它如何小心，如何耗费人力，它仍只是效仿原型的一个冰冷的模型，带着揣测的修补；我还记得一个案例，那就是鲁昂正义宫[①]（图 6-8、6-9），即使在这个建筑上也在尝试这种方法，并试图达到最大程度的保真度。

　　十九、我们还是不再讨论建筑复原了。这件事从头至尾就是一个谎言。你可以为建筑制作一个模型，好比为一具尸体制作模型一样，你的模型上可以有老城墙的外壳，正如你的铸模上有骸骨一样，我看不出也不关心这有什么好处；但那栋老建筑却更加彻底和无情地被摧毁了，比它消散入尘土或融入大地之中更甚：荒芜的尼尼微比重建后的米兰城能

[①]　鲁昂正义宫（Palais de Justice）原为诺曼底议会所在地，是中世纪最优秀的民用建筑之一。于 1508 年扩建成为垂直哥特样式，19 世纪再次进行扩建。——译者注

图 6-9　鲁昂正义宫花窗细部

够搜集到更多有价值的东西。然而，人们仍然认为建筑有复原的必要！真是够了。我们当直面这种必要性，用它自己的语言去解读它。这是一种毁灭的必要性。诚实地接受它，把建筑推倒，把它的石块扔进人看不见的角落，让它们碎成道渣，或砂浆，如果你能做到的话；但必须诚实地做这件事，不要在原址建起一座谎言。当这种必要性来临之前就必须认真面对它，这样你才能制止它。现代主义的原则（我相信这种原则至少在法国系统地由石匠实施，为了确保他们自己有活儿干，正如圣奥文教堂被当地行政长官推倒，是为了给当地游民有口饭吃）是先任由历史建筑破败，然后复原他们。但是，只要对你的历史建筑施以恰当的维护，你就无需重塑它。给屋顶及时覆上几片铅皮，用一些枯叶和树枝及时扫除积水，将使屋顶和墙面免遭毁灭。对老建筑施以极度的呵护，尽你所能地保护它，不惜任何代价挽救每一处崩塌。历数它的每一块石头，像数皇冠上的宝石一样，安排人员保护建筑，仿佛人们守卫戒备森严的城门口；如果有松动之处，用铁绑扎它，如果它要坍塌，用木材支撑它，不要在意修补有碍观瞻，拐杖总比失去肢体要好，温柔、虔诚且持续不断地修补，后代仍将在它的荫蔽之下出生和死去。它毁灭的一天终会到来，但是让它来得光明正大，不要让羞耻和错误的替代，剥夺了它寿终正寝的记忆。

二十、更多出于恶意或无知的破坏就无需赘述了；我不会指明那些进行破坏的人[2]，然而无论人们会不会听从，我决不能不说出真相——我们是否应该保留过去的古建筑，这并非无奈之举或能凭感觉行事。我们并没有任何权利任意处置它们。它们不属于我们。它们部分属于当初的建造者，部分属于我们的子孙后代。逝去的先人对它们仍拥有权利：这是他们耗费辛劳建成的，对其成就的赞誉或宗教感情的表达，或他们所留存在这些建筑上的任何其他永恒性的表达，我们没有权利去抹杀。我们有我们自己造的建筑，也有权推倒它们，但是其他人耗费心力、财富和漫长人生去完成的构筑，他们的死亡并没有把他们的权利传递给我们，他们更少赋予我们任意处置这些建筑的权力。这种权力属于他们所有的继承者。如果我们现在认为古建无法再用，出于便利而推倒这些古建，它会使无数后人悲伤难过。这种悲伤或失落是我们无权施加的。难道阿弗兰奇大教堂①只属于毁掉了它的群氓，而不属于在其废址上忧伤徘徊的我们吗？任何建筑无论如何也不属于对它施以破坏的乌合之众。对于乌合之众中任何一员是如此，也永远如此；是否野蛮毁坏还是故意欺瞒地毁坏，都无济于事；无论是不经意毁坏还是遵循某个委员会的决议，都是一样；毫无理由地破坏古建的人们都是乌合之众，而建筑往往就是这样无理由地被破坏了。一座典雅的建筑必然值得矗立在它的基地上，并将永远如此，直到中非和中美洲变得像米德尔塞斯②一样人口繁盛；任何理由都不应用来破坏它。如果这理由要生效，当然不是现在——现在这块属于过去和未来的土地在我们的心中被过度喧嚣的当下所干扰。自然的寂静逐渐离我们而去，无数人曾经在他们漫长的旅行中被寂静的天空和沉睡的田野所震撼，比宗教启示或忏悔更震撼人心，而现在他们不得不忍受日益甚嚣尘上的现代生活；还有遍及全国的铁路动脉，振聋发聩地散发出火热脉冲，每个小时都变得更热、更快。所有的活力都通过那些悸动的动脉集中到那些中心城市；当火车通过那如桥梁般的窄窄的铁路时，乡村仿佛一片绿色的海洋被抛在身后，我们被投入愈来愈密集的城市人群。在那里仅有一件事物可以取代森林和田野的影响，那就是古老建筑的力量。不要因为建造宏伟的广场、围栏或绿化步行道，也不要因为建造宽阔的街道或开敞的码头就抛弃它。一座城市的骄傲不在于这些新的营造。大众需要这些，但是记住在喧嚷的围城里

---

① Cathédrale Saint-André d'Avranches，是曾经存在于诺曼底的一座罗马天主教堂。法国大革命期间彻底被毁，遗址长期荒芜。——译者注
② Middlesex，为英格兰西南部著名历史郡地，现为大伦敦地区的一部分。——译者注

肯定会有另一些人，比起这些日益来临的新事物，他们更渴求一些不一样的东西；他们渴求一些视觉上更熟悉的形式：他们会坐在日落西沉的余晖中，凝望佛罗伦萨大教堂穹顶的线条融入深邃的夜空，或者另一些人，和他们的天主一样，整日从他们的宫室内注视父辈曾停留过的、维罗纳四通八达的幽深街道。

注释

　　[1] 此处也是错误，以戏仿的形式——最糟糕的一种谬误。

　　[2] 千万不要浪费生命写下比我更多的无用的言辞，这等于将面包丢弃在苦水里。第六章的结尾段我认为是全书最好的——但也是最无用的。

第七章　顺从之灯

一、我在前文始终试图表明建筑的每一种高贵形式在某种程度上是一个国家的政治、生活、历史或宗教信仰的具象。在几次这样的尝试之后，我已确立了一个原则，我现在要在那些主宰这一具象的诸多因素中为这个原则确立一个论点；这最后一个论点，它本身看来虽微不足道，但却囊括了其他拥有帝王般尊严的论点；我认为这一原则，是国家政体稳定的来源，生活快乐的源头，信仰得以接受的原因，创造力得以延续的根源——那就是顺从。

即使在我探求某个主题时所发现的许多使人高度满意的因素之中，顺从也不是最微不足道的，它起初似乎不过轻微地承担人类严谨的趣味，以实在而完美的状态引起我思考——人们对于所谓自由的那个危险的幽灵的追求有多疯狂，观念有多谬误——我为此应提供一个特别的证明；自由的确是所有幽灵中最危险的一个；因为最贫瘠的理性之光也能确定地向我们展示，不仅是对自由的寻求，甚至连它本身的存在，都是不可能的。宇宙中从无自由这种东西。今后也不可能有。星星没有自由，地球没有自由，海洋也没有，我们人类拥有自由的戏仿和表象仅仅作为对我们最严重的惩罚。

在最高贵的诗篇（附录十七）之中，有一篇其意向和音韵都属于我们近期的文学流派，作者在无生命的自然物体寻求自由的表达，虽然他曾经热爱自由，但他却看到了有关人类自由的真实的阴暗面。但他用的是何等奇怪谬误的表达！在他的一行高贵的诗句中，他矛盾地认可了人类世界以外的自由，也认可了对规则的服从；因为这些事物的永恒，对规则的服从就更加严格？除此以外他还能怎样表达？因为如果有任何一个原则比另一个更广泛地被公论所承认，或一个比另一个更加严肃地刻印在每一件可见的艺术作品的原子上，这一原则不是自由，而是规条。

二、富有激情的人们可能会说他们指的自由是法则下的自由。那为什么要使用这个特别而有歧义的词呢？如果你所说的自由是对激情的惩戒，对智慧的掌控，对愿望的屈服；如果你的意思是对施暴的惧怕，犯错的羞耻；如果你的意思是对所有掌握权威者的尊重，对所有依赖者的照顾；对善的尊重，对恶的怜悯，对弱者的同情；如果你的意思是对所有思想的观察，对所有快乐的节制，对所有辛劳的坚持不懈；如果你的意思是，比如"礼拜仪式"，在英国教会的礼仪导则中被认定为完美的自由，为什么你用同一个词来指代这个含义丰富多变的词，如果是这样的话，奢侈意味着权力，轻率意味着变化；同样，不循常规意味着掠夺，愚弄意味着平等，骄傲意味着无政府主义，恶意意味着暴力？还是用其他词来表示它吧，但最佳和最真实的词应该是，服从。服从确实必须基于某种自由，否则它会变成压制，但是自由仅仅确保服从可能更完美；因此尽管一定程度的放纵对于展示个人对事物的热情是有必要的，它们的美好、愉快和完美却都包含在它们的克制之中。我们不妨比较一下冲破堤岸的河与被堤坝束缚的河，或者散布在天堂各处的云和被风排成队列和层次的云。因此，尽管克制这个决绝而束缚的品质绝不可能使事物引人注目，这并不意味着它本身是种罪恶，而只是因为它太严重，压倒了它所克制的事物的本质，也因此能抵消构成事物本质的其他法则。构成美好创造物的平衡，总是在这件事物的控制性法则和一般统驭性法则之间摇摆；违反这两个法则中任何一个，或者换言之——混乱（disorder），则等同于并且是同义词于——疾病（disease）；高贵与美的增加都习惯性地与克制同在（或比克制更高级的法则），而不与"特殊"同在（或者固有的内在法则）。社会美德中最高贵的词应该是"忠诚"，而人从荒野丛林中领悟的最甜美的词则是"群体归属"。

三、这并非全部；但我们可能观察到，事物存在的尺度完全与事物的威严成比例，也完全遵从凌驾于它们之上的法则。一粒尘埃并不如日月星辰那般静谧而有效地遵从万有引力；海洋潮汐的起落所遵守的法则，是湖泊和河流所无法察觉的。衡量人类任何行为或工作的尊严，或许没有什么比下面这个问题是更好的准绳了："它的法则严格吗？"因为其严格程度可能与它所集中的劳力或人们投入兴趣的多少相当。

因此，关于（建筑）这门艺术，必然要求特别的严谨，胜过所有其他艺术，因为它们的建造是最宏大和最普遍的；它需要人类团队的合作实施，为了达到完美，将要求持续几代人不懈的努力①。同时考虑到我们之前如此经常地在建筑上观察到她对日常生活持续的影响，以及她的现实属性，与另外两个只需把故事与梦具象化的姐妹艺术不同②，我们

① 中世纪欧洲哥特教堂的建造常常耗时百年甚至更长，需要几代工匠接力完成。——译者注
② 指雕塑和绘画。——译者注

可能预先期待建筑艺术的健康状态和行为仰赖于比这些姐妹艺术更为严谨的法则；它们延伸到个人内心的设想所造成的放纵，将会被她自身所撤销；并且，在断定她与所有事物的关系时——这种关系对人来说普遍重要——她会以自己庄重的顺服，构筑起人类世俗幸福和力量所系之物。因此，我们可能得出结论，没有经验之光的启迪，建筑永远不能繁荣，除非当它受制于国家风格的法则，这一法则的权威严格而精细，正如限定宗教、政策和社会关系的律法一样；不，甚至应该比这些律法更严格，因为两者都能形成更多的强制力，如同驾驭更多被动事物那样；且都需要更多强制力，因为最纯粹的建筑风格既不受限于一种法则，也不受限于另一种，而是受制于一种普适的权威。但在这件事上，经验比理性更重要。如果有什么条件影响了建筑发展进程的话，那必定是差异与普适；如果在成功的反面因素中，牵涉相反的非本质特征和情况，我们始终能够不容置疑地得出一个结论。一个民族的建筑之所以伟大，只有当它具有普遍性，同时也具有自我语言时。当有地域性的差异时，它不会比方言更芜杂。其他准则就值得怀疑，一个国家无论贫弱或富强，它的建筑都一样成功，无论战争或和平，无论野蛮或开化，无论政府自由或专制，但是有一个条件始终存在，这一要求在任何地点和任何时间都一样清楚，那就是这项工作应该属于某个学派，不能由个人的狂想承担，或者在物质上改变普遍接受的风格与常用的装饰，并且，从农舍到宫殿，从小礼拜堂到大教堂，从花园的篱笆到堡垒的墙垣，民族建筑的每个构件和特征应当根据普遍接受的通用做法，作为它的语言或典范。

　　四、我们没有一天不听说我们英国的建筑师被称为富有创意，并且发明了新的风格。对此有理由且有必要进行一番劝诫：如果有一个人，他的背上从未有足够的破布以抵御风寒，却发明了一种新型的剪裁服装的方式——还是先给他一件完整的新衣服，再让他关注时尚吧。我们不需要什么新风格的建筑。有人需要新型的绘画和雕塑吗？但我们需要某些风格。如果我们有法则并且它们自身就是好的法则，无论是新或旧，外来或本地，罗马或萨克森或日耳曼或英格兰的法则都无关紧要。但相当重要的一点是，我们应该有种种法则规条，且这种规条从英伦三岛的一头到另一头被彻底接受和执行，而不是约克郡^① 执行一种判断标准，而埃克塞特^② 执行另一种。比较可能的情况是，我们拥有的是一幢新或旧的建筑，这都无所谓，但重要的是我们是否有一幢正当的建筑物；也就是说，这幢建筑物的法则是在康威尔郡^③ 或者诺森伯兰郡^④ 的学校里被教授，如同我们教授英语拼写和语法那样，这也都一样；或者我们每新建一间工作间或者一座教区学校都要有所创新，这也都无所谓。在我看来，当今大多建筑师普遍对所谓创意的本质和意义，以及它所有的构成因素，有很大的误解。建筑表达上的正统不依赖于发明新的语言，就像诗歌创作不必发明新的手法，绘画不必发明新的颜色，或使用新的模式。音韵的和谐，色彩的妥帖，雕塑形体的普遍排布原则，已经在很久以前确立下来，所有的可能性，不能再加入任何改变。假设他们可能还会改变，这种添加或改变更多是由时间和大量作品一起产生的，而不是由个人的创造发明催生的。我们可能有一个凡·艾克，他可能在十个世纪里只为我们带来一种新的风格，但是他自己也可能从他的创造中寻得偶然的意外成果；这种创造的使用将完全取决于某个时期的流行趋势或特征。创意不取决于此类事情。一个拥有天赋的人，会利用任何流行的风格——他所处的时代的风格，并在其中创造，实现伟大的作品，他会使这些作品看起来仿佛它的每个想法都刚从天堂上降下来的一样新鲜。

---

① York，位于英格兰东北部，是英国的"纺织之乡"以及重要的文化、农业之乡。——译者注
② Exeter，是英国的历史文化名城，西南部重要的商业、文化中心，也是德文郡郡治。——译者注
③ Cornwall，位于英格兰西南端，德文郡以西，属于威尔士。——译者注
④ Northumberland，英格兰最北的郡区，北靠苏格兰边区的边界，东临北海。——译者注

我并不是说他不能自由地使用材料或规则，我不是说奇怪的变化有时不会被他的努力或他的幻想所塑造，或甚至被两者共同塑造。但这些变化将是指导性的、顺其自然的，但有时也会非常出彩；它们永远不能由于创作者的尊严或独立性而被追随；创作的自由应像一个伟大的演说家驾驭语言那样自由，而不是为了显得标新立异而违反规则；应该是某种努力形成的不可避免、并非精心设计但却出色的结果，表达了标新立异的语言所不能表达的东西。有的时候，如前文所述，艺术的生命体现在它的变化和拒绝前代作品的限制之中：如同昆虫的生命演化；十分有趣的是，在艺术和昆虫两者的状态中，以它们的自然进化和构成力量，这种变化可能被锻造成功。但是，由于那将是一条不满足又愚蠢的毛虫，它永远想努力化成蝶蛹，而不是满足于一条毛虫的生命，吃着毛虫的食物；并且由于那也会是一只不快乐的蝶蛹，它会在夜晚醒来，混乱地卷在它的茧里，努力使自己化为一只飞蛾；这种艺术既不会快乐也不会繁荣，它并没有为自己提供给养，也不满足于习俗，这种习俗足以支撑和引导它之前的以及与它相似的其他艺术，相反，它在自我存在的自然限制中挣扎苦恼，并努力成为它自身以外的东西。它期待并在一定程度上知晓指派给它们的、事先为它们准备好的变化——尽管这是最高等生物的尊严；并且，如果和往常一样，随着指定的变化，它们进入一个更高的状态，甚至渴望着，并在期盼时得到欢乐，这不过是每一种生物的力量，无论它们是否多变，它们时不时休息一下，满足于自身存在条件，仅仅争取它想要的变化，通过尽最大努力，履行目前已经被指定好并将延续的职责。

五、因此，尽管独创性或者多变性这两种品质都很优秀——通常这是对两者最仁慈和最富有激情的推定，但它们都不能在它们自身中被找到，也不能在任何对抗普遍法则的斗争和反叛中健康地获得。因此这两者我们都不想要。已知的建筑形式对我们来说已经足够好了，而对于比我们好得多的形式来说：当我们能够恰如其分地使用它们时，会有足够的时间来思考如何使它们变得更好。但有一些事情我们不仅需要，而且不可或缺；世上所有的努力和纷争，不，更有甚者，所有英格兰真正的人才和解决方法，将永远不会使我们缺乏这些品质：服从、团结、合作和秩序。除非我们将建筑和所有艺术，像所有其他事情那样，用法则来控制，否则我们所有的设计学派和学术委员会，我们所有的学院和讲座，期刊和论文，所有我们开始进行的牺牲，所有在我们英国文化本质中的真相，所有我们英国意志中的力量，以及我们英国文明中的生命力，在这件事上的努力和激情就像幻梦那样无所用处。

六、我说建筑和所有的艺术；因为我相信建筑一定是所有艺术的开端，并且其他艺术必然以自身的时间和顺序跟随她的发展；而且我认为我们各种学派的绘画和雕塑的繁荣，尽管大多都很健康，也没有人会否认其生命力取决于我们建筑的繁荣。我认为只有当建筑的繁荣占主导地位时，其他一切才会退居次席；而且（我不认为这会发生，但是我宣告，正如我能自信地断言为了社会安全，我们需要一个被普遍认可和严格管理的法定政府一样）有朝一日我们的建筑也会衰败，散入尘埃，唯有首要的常识性理论被勇敢地遵守，并且形式和工艺的普遍体系已经被大众接受和强制实行。有人说这不可能。这是可能的——我恐怕它真是如此。我并不想讨论它的可能性或不可能性；我只知道并坚持它的必要性。如果这不可能实现，则英国的艺术全不可能实现。立刻放弃它吧。你在浪费时间、金钱和资源，且尽管你为它耗尽时间和财产，为它心碎，你也不可能将它举到哪怕仅仅超过附庸风雅的高度。不要这样做。这是一种危险的虚荣，仅仅是一个深渊，使一代代天才被吞没，也不会终结。它将如此继续，除非采取大胆而广泛步骤（来遏制它）。我们不应该用陶器和印刷品来制作艺术；我们不应该用我们的哲学来推论艺术；我们不应该用实验来磕磕绊绊地探索艺术，不应该凭我们的喜好来创作艺术，我并不是说我们甚至不应该用砖和石来营造它；但在这些因素之中我们有一个机会，是其他地方再也没有的机会；这个机会仅存在于获得建筑师和公众两者都认可的可能性，在其中选择一种风格，并使它普遍适用。

七、它的原则应该如何设定限制，我们可以很容易地使用必要的教学、像教授普遍常识的其他分支那样来确定。当我们开始教孩子写作时，我们强迫他们进行完整的抄写，并要求彻底准确地抄写句式；当他们能从中习得并把握文学表达的范式，我们已不能阻止他们尝试与他们的感觉、环境和性格相应的变化。因此，当一个孩子第一次学习拉丁文时，我们会要求他使用所有权威的表达方法；当他对这种语言运用得心应手时，他就能自由发挥，并感觉他有这种不受限制的权利，并且他写出的拉丁文会优于他所借用的那些只言片语。同样，我们的建筑师都应该首先学会用普遍接受的语言来创作。我们必须首先确定什么建筑能被称为奥古斯都式的建筑作品①；它们的建造模式和比例法则都会以最彻底的方式被习得；随后，它们各自不同的形式和装饰用途应该分类和编目，像一位德国语法学家将介词的力度分类那样；根据这种绝对的、无可置疑的权威，我们才能开始工作；不允许对凹弧饰的深度或线脚平边的宽度②有多大改变。然后，一旦我们的目光习惯于此种语法的形式和排布，我们的思维才能熟悉它们所有的表达方式；当我们能够自然地运用这种死去的语言，并把它运用于我们想要表现的任何想法，也就是说，运用于所有可付诸实施的现实目标；随后，直到那时，我们才能获得某种许可；个人的权威被允许在可能接受的形式上进行的变化和附加，总是在某种限度以内；特别是装饰，可能成为变化多端的不同趣味

---

① 指古罗马文艺全盛时期。——译者注
② 见第四章图 4-17。——译者注

的主题，并用创造性或来自其他学派的元素进行丰富。因而随着时间流逝，以及国家建筑风格大规模的发展，可能会出现一种新的形式，正如语言本身也在变化；我们也许会开始用意大利语取代拉丁语，或者用现代英语取代古英语；但这完全无关紧要，而且，也没有什么决心和愿望可以加速或阻止此事发生。在我们的力量掌控之内、我们的职责所系的这件事本身，有一种放之四海皆准的形式，对它的理解和践行将使它适应任何特定建筑的独有特征，大或小，乡村或城市或宗教。我已经说过它采取什么形式无关紧要，只要它的创造性与其发展历程相适应即可。然而当我们考虑到远为重要的问题——它如何适应普遍要求，以及种种不同的风格如何受欢迎地与之相呼应，此时，它就不尽是如此。古典或哥特形式的选择——此处哥特同样也采用最广泛的含义——或许当它涉及一些特殊和相当具有公共性的建筑时会产生疑问；但我无法想象它能有什么疑问，比如当它一般性地与现代用途相关时，我无法想象任何建筑师会疯狂到将古希腊建筑世俗化。我们究竟应该采用早期或晚近的、原初或衍生的哥特形式，这也不值得产生疑问：如果选择晚近的形式，它要么成为无力和丑陋的沦落，比如我们的都铎式风格，要么成为几乎无法控制的建筑语言，比如法国火焰式哥特。我们同样也避免采用极端幼稚或野蛮的形式，无论这种幼稚看来体格魁梧，或者这种野蛮看来气势磅礴，比如我们的诺曼式建筑，或伦巴底罗曼式建筑。我认为恰当的选择应产生于四种形式之间：1.比萨罗曼式；2.意大利西部各共和国的早期哥特式（图7-1），这种风格随后一路迅速发展成为乔托式哥特；3.最纯粹发展的威尼斯哥特（图7-2）；4.英国最早期具有装饰的哥特建筑（图7-3）。最自然的，也许就是最安全，也会成为最后的选择，避免沦为僵硬的垂直哥特；或许可以借用法国哥特精致的装饰而混杂成为某种装饰，在这种情况下，有必要参照一些知名的例子，比如鲁昂大教堂北门，以及特鲁瓦的圣乌尔班教堂（图7-4），作为装饰方面的最

图 7-1（1） 卢卡主教堂及钟楼，典型意大利早期西部城邦共和国哥特式

图 7-1（2） 热那亚大教堂，意大利早期哥特式

图 7-2 典型威尼斯哥特窗样式

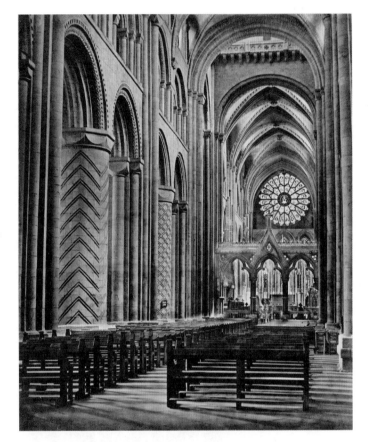

图 7-3（1）　杜伦大教堂内部，英国早期哥特式

图 7-3（2）　坎特伯雷大教堂，英国早期哥特式

图 7-4　圣乌尔班教堂

终和限定性的权威。

　　八、我们几乎不可能设想，在目前这种疑惑无知的情况下，这种全面的克制会立刻引起整个艺术界突然启蒙的智慧和热情、迅速增加的力度和投入，或者用恰当的词来说，使人获得自由。让我们从自由选择的焦躁和尴尬中解脱出来——这是引起世界一半不适的原因；从随之而来的对过去、现在和可能的形式的探索中解脱出来；而允许，通过集中个体和多种力量的合作，透彻领悟我们采取的形式的最终极的秘密，建筑师会发现他整体的理解更宽广了，他的实践知识变得确凿而可以投入使用，他的想象力活灵活现，仿佛一个孩童在一座被围墙圈住的花园中那样自如——而在没有围篱的旷野中，他却有可能坐地瑟缩、不知所措。这样的结果在所有兴趣方向上会是多么明亮，不仅关于艺术，更关乎民族的幸福和美德，它十分难以预想，正如它说起来天花乱坠。 但他们之中的第一个，或许是最不起眼的一个，或许能使我们感觉到不断增加的认同与归属感，是每一种国家纽带的巩固，是我们对同胞手足关系的骄傲和快乐的认同，能使我们在所有事务上都甘愿尊崇所有的律条，这些律条将有助于我们社会的品位。同样对于上层和中层阶级在房舍、家具和其他建构上的不愉快的争论，规条也是一种最能理解的障碍；对其中大部分的探究十分没有必要，也使人痛苦，恰好比宗教派别在礼仪方面的纠缠。我认为这些都是初步的结果。建筑的经济性将增长十倍，完全是由于采用了简洁的手法；这个国家的舒适并没有受建筑师的狂想和错误的干扰——这些建筑师无视他们运用建筑形式的能力；我们所有和谐的街道和公共建筑的对称和协调，不过是使我们获益的最轻微的成因。但如果试图进一步探索这些成因，纯粹只是一腔热情。我已经花费过多时间沉迷于探求这些原因，而或许我们有更紧迫、更重要的工作需要投入，我们过分探究的那种感觉或许只凭我们自己偶然的力量就能重获。或许读者会不公正地认为我没有意识到我所提建议的难度，或者没有意识到整个话题的微不足道，相比那些可以被带回家的、并由 19 世纪粗俗的发展历程固定在我们思维中的品位来说。但此事的难度和重要性应留待其他人去判断。我必须集中注意于简单的论断——即，如果我们希望建造真正的建筑，我们主要应该如何思考和工作：但是这样一来我们可能就不那么想要这种真正的建筑了。有很多人感觉到这一点；很多人在这一点上牺牲了很多；我很遗憾他们的精力被浪费，他们的辛劳一无所获。我在前文已经阐明了唯一可达终点的途径，而不需冒着表达真实意图的风险。我现在有一个观点，我谈论它时表现出的热情可能已经泄露了这一观点，但我对这个观点也并没有十分的自信。我很清楚地知晓，每个人所进行的研究必须由他自己亲眼所见这一点的重要性，因此我对自己领悟的建筑庄严感颇有信心；然而，我认为建筑至少能为一个国家提供体面的工作，这一点应该也不会有错。我坚持这种印象是来自我游历欧洲国家时所看到的。所有压制着其他国家的恐惧、压抑和混乱，次要原因可能是上帝的意志在此起作用，但主要原因都可归结为他们国民的懒散。我并非看不见他们的工匠的沮丧；我也没有否认日益靠近和活跃的社会运动的因素：这些运动的野蛮行径，还有上流社会公共道德准则以及政府勇气和诚实的缺失。但是这些原因自身最终可以追溯到更深刻与简单的缘由：鲁莽的煽动，不道德的中产阶级，以及软弱和背叛的贵族——在所有这些国家，国家灾难最常见、最显著的原因都可归因于此——懒散。我们过于天真想通过给予男人指导和建议来改变他们，于是我们每日重复这些无用的行动。很少有人会选择这些建议：他们最需要的事情是体面的职业。我不是指只为面包而工作——我指的是为了心灵的兴趣而工作；为那些对工作的希冀超出仅仅为了谋生高度的人，或者那些应该工作却找不到合适职业的人。在当今的欧陆国家有许多无所事事的精力本该投入手工艺；有数以万计的无所事事的准绅士阶层本应成为鞋匠和木匠；但是由于他们不参与这些本该投入的事业，慈善家不得不雇用他们从事别的工作以免他们对抗政府。骂他们愚蠢是没有用的，他们只会像其他人那样使自己走向痛苦的尽头：如果他们没有别的事可做，他们会作恶；不工作的人，享受不到精神上的快乐的人，必定会成为恶的工具，正如他把自己卖身给撒旦。我见过太多法国和意大利受过教育的年轻人的日常生活，足以为最深切的民族苦难和堕落负责；尽管大体而言，我们国家的工商业的天性使我们免于遭受相似的瘫痪，但我们仍有相当的必要来考虑一下我们主要采用或推崇的雇用形式是否能使我们成长和升华。

例如，我们刚刚花费了 1.5 亿英镑，用以雇用劳工，使他们从一处挖掘土方，然后堆放到另一处。我们养活了一个庞大的男性阶层——铁路低等劳工，他们尤其鲁莽、难以控制和危险。另外，我们一直维持着（让我们尽可能公正地评价这份收益）一大批铸铁工人在不健康和痛苦中工作；我们开发了（这至少是好的）相当多的机械工人的聪明才智；还有，我们无论如何获得了快速地从一个地方到达另一个地方的技术 ①。与此同时在我们自己从事的工作中，我们缺乏精神上的乐趣或者无法使我们倾力投入，只能留待常见的虚荣和对自身存在的关心。假设另一种情况，我们在建造美丽的房屋和教堂这件事上雇用了同样数量的工匠。我们应该保持相同数量的男性，不让他们操控手推车，而是让他们钻研独特的技术，即使这不是脑力上的雇用，他们之中的佼佼者也会对他们的职业感到尤其的幸福，因为有余地供他们幻想，这些职业能够引领他们观察到美——与自然科学的探索相关的美，这一定能使目前的雇用形式中的许多更聪慧的制造业技工得到享受。我相信建造一座大教堂所需的机械天才至少不会少于挖掘一条隧道或者推动一部发动机车所需要的，因此我们本该发展出足够多的科学，而智识上的艺术元素会给

---

① 指铁路。——译者注

我们的获益锦上添花。同时我们自己也必能从我们亲身参与的这些劳作中获益，使自己更快乐和聪明；当所有这些都已完成，比起那些十分可疑的快速地从一处移动到另一处的技术的力量，我们更应该感慨于停留在自己家宅中所得到的乐趣。

　　九、有许多其他不那么耗资巨大，但却更恒定的社会消费方式，人们对它们是否有益有着相当的争议；或许，我们对每一种特定的奢侈或生活常用的设施质疑得太少了——它们为劳工提供的这份工作，本身是否也使劳工或受雇用者在工作中获得同样的享受和利益？仅仅使人得以果腹的工作是不够的；我们应该思考人的生活之根本；我们应尽我们所能，使我们所有的日常生活所需得以供养穷人、并使他们成长。给人做的工作最好高于他的能力，这也比教育人轻视他们的工作要好。比如，有人可能怀疑，需要一大批佣人的奢侈习惯是否是一种有益社会健康的开支形式；更有甚者，需要豢养大批赛马师和马夫的生活方式是否是一种良善而有益精神的职业供给。因此，考虑到在许多文明国家有大量的工人干着为珠宝切削出多个面的工作，还有很多上天赋予的灵巧双手，很多耐心和聪明才智，都只用来铸造女人头饰上的冠焰，就我所知，这些职业给那些穿衣戴帽的人带来的愉悦，并没有补偿参与制作的工人生活上的损失和精神力量。如果他从事建筑石艺雕刻，他本该保持更大的健康和快乐；他目前的职业没有为他思维中的某些品质留出空间，而这些思维原本足以使他得到升华；我相信大多数女人最终会更喜欢建成的教堂所带来的愉悦，或者为教堂的装饰做奉献，胜于在她们的额头上戴上某些沉重的饰物。

　　十、我可以更进一步探索这一主题，但我对此更有一些奇思妙想，也许更明智的做法是不随意地叙述它们。我怀着满足的心最后重申，前述页面始终在力图证明的观点，无论与它的直接主题有何等程度或何等重要的相关性，对它们的探求中至少有一些价值能表达我们的理念，在经常提及普遍的有力法则中有一些指引，使我们相信所有人其实都是建设者，随时都在铺设麦茎或堆垒石块。

在我的书写中我已经不止一次停顿下来，常常检查可能有所纠缠不清的论据，此时我也恰好产生了一种想法：所有的建筑在多久之后可能归于虚无，除了那些不由凡人建造的自然建构。在光明中有一些不祥之物 ① 使我们轻视了过往的时光——我们曾在过往岁月留下的美妙遗产中徜徉。如果我听到众人对新近来临的世俗的科学以及世俗的激情欢欣雀跃，我也将微笑，仿佛我们又处在了一日之始，地平线上的黎明曙光之中伴有雷电闪烁。"罗得到了琐珥，日头已经出来了" ②。

---

① 指现代技术。——译者注
② 出自《旧约·创世记》，19：23。——译者注

附　录

一、相比之下这种可能性的确很小，但是无论如何依然有某种可能性，甚至在日益增加。我相信读者应该不会认为我低估了此种类比的风险，尽管我只是稍带提到过它。我对英格兰和苏格兰人的核心宗教团体很有信心，他们不仅不会沾染罗马天主教的习气，而且会坚定不移地反对它：无论新教徒的异端邪说和罗马天主教的胜利怎样奇特而迅速地向我们蔓延，我依然确信这个国家的活的信仰有着无可逾越的屏障。然而这种信心只来自对一部分人的终极的信赖，而不是来自对部分叛教行为的罪与罚的确信。两者确实都在某种程度上都已受苦有罪；为表达我对目前大众所遭受的压抑痛苦，在多个方向上受到鼓励，给天主教徒，不要认为我迷信或者不理智。没有人比我更倾向于认为，既由天生的性情，也由许多早年的联系，对罗马天主教廷的原则和形式有着同情；其中有许多规条，凭着良心和同理心，我是热爱和倡导的。但是，为承认这种感性的偏见的力量，我必定会证明我对自己坚信的信仰的崇敬之心，那个教廷的整个教条体系完全是反基督的；它所依赖的偶像崇拜的力量是世界上所有被委任的最黑暗的瘟疫；天主教那些所谓的团结友爱，以及要求普遍性的顺从，是我们最近形成异端的根基，其根基虚假，其目标致命；我们决不能与这些虚假可怕的崇拜者有任何遥远的归属感，更不能与他们共存；我们不能指望他们会带来任何东西，除了险恶的敌意；这实在和我们与天主教徒之间的隔离之森严程度相关，这将是上帝给我们这个国家的赐福，不仅在精神上，更在俗世利益上。迄今为止深深印刻在我们国家对罗马天主教的抵制之举，与随之带来的荣耀之间有多么深刻的关联，可以由一位作家的短文所彻底证实，她对宗教能给家国命运带来何等影响的探究十分真实和成功——正是这位作家的文章使我真挚地坚信英格兰再也无法繁荣，她徽章之上的荣光将被玷污，她的货殖往来将受损害，她的国家品格将等而下之，直到天主教徒从我们的土地上被驱赶出去——而先前这片土地上的立法者们不得不心怀对天主教的不敬而屈从于他们。

"无论对大众而言是否应当继承这一错误，对接受这一错误的人们来说这都是一种悲哀。如果比任何其他国度享有更多自由的英格兰，在肆虐欧洲的烧杀劫掠等诸般灾祸之中幸存下来，并被神圣真相的最完备的智识所启迪，应拒绝对这种看似被上帝授予了无与伦比的特权的天主教契约尽忠，否则上天便会立刻降罪于她。这个国度已经跨出了充满危险的一步。她将一个纯粹的宗教问题误认为是一个纯粹的政治问题，从而犯了致命的错误。她的脚步已处在悬崖边缘。她必须收回脚步，否则整个帝国将仅仅留下一个名字。在人类所有原则所笼罩的日益深沉的迷雾和黑暗之中，在欧洲日益聚拢的骚乱之中，以及国内日益狂热的不满情绪中——甚至很难辨别力量存在何处，能够重新升起坠落的宪法的威严。但是真挚的信仰会带来强大的方法；不敬神和绝望不会带来奇迹，但这个能够自救的国家决不会被天国的律条所抛弃。"（《历史论文》，克罗利博士，1842）这些文章中的第一篇，"英国，基督教的堡垒"，我极其推荐给那些人沉思——那些怀疑神对所有国家的罪恶都有特殊的惩戒，并且或许，对所有此类罪恶，直接对背叛英格兰的真理和信仰，她一直以来被信赖的。

二、宗教艺术最近引起了许多关注，我们现在对它及其关键史实有各种诠释和分类，但是所有与它相关的最重大的问题依然没有得到回答，它对真正的宗教有何益处？ 这是我所能看到的最严肃与有良知的质询了；这个质询既不承担艺术的激情，也不承担僧侣的同情，只是顽强不懈地、无情地、无所畏惧的。我和大多数人一样热爱意大利的宗教艺术，但是作为个人解读热爱它，与认为它是大众利益的工具之间，有着巨大的差异。我对后者的认识尚浅，甚至不足以形成一丝浅见，如果有人能帮助我做到这一点，我将不胜感激。在我看来，有三个不同的问题需要考虑：第一，外在奢华如何代表基督教崇拜的真挚诚恳？第二，绘画或雕塑如何表现基督教历史典故或热情想象的激情？ 第三，创作宗教艺术对艺术家有什么影响？

在回答这三个询问时，我们应该分别考虑有关每个问题的联合影响和状况；并且，以最微妙的分析，去除艺术效果中被滥用的成分——两者常常结合在一起。只有基督徒才能做到这一点；不是那些热衷于甜美的色彩或甜美的表达的人，而是寻求真挚的信仰和持续的生命力作为创作对象。从未有人做到这一点，这个问题永远成为空虚和无尽的满足的主题，在两个拥有相对立的傲慢与性情的派别之间。

三、我常常惊讶于天主教的假设，在它目前的状况下，可以既赞助又获利于艺术。鲁昂圣马克卢教堂高贵的彩画窗，以及法国的许多其他教堂，完全被遮挡在圣坛背后，被巨大的鎏金木质阳光所遮蔽，以及散布其间的小天使。

四、我当然没有逐一检视这 704 个花窗（每个龛四个）以确定是否每一个都不尽相同；但它们有着连续的变化，即使是小的龛拱肋屋顶的垂饰上的玫瑰花饰也是完全不同的。

五、这是由威厄尔先生注意到的，它们形成了鸢尾花形，当处于花窗杆件中时，始终是最劣等的火焰哥特的一种标志。它出现在巴约大教堂的主塔楼上，在法莱斯的圣热尔韦教堂装饰丰富的扶壁上，在鲁昂市的部分宅邸上。并不是只有鲁昂大教堂的主塔楼过度装饰。它的中殿是在火焰哥特时期对早期哥特排布的拙劣模仿；它的扶壁上的神龛简直无法无天；有一个巨大的方形柱穿过通廊的天花以支撑中殿扶壁，这是我在哥特建筑中见过的最丑陋的累赘物；中殿的花窗是最乏味颓败的火焰哥特；那些耳堂的天窗呈现了垂直哥特的最混乱的状态；甚至南面耳堂的精致的门，对于它的精致时期来说，也过于张扬，它的叶饰和垂饰显得怪诞。整座教堂都不精致除了歌坛，轻／采光拱廊，高天窗，东方小室的圆环，雕塑的细部，以及整体比例的轻盈；这些优点看来是最大的有利处，使整座教堂的主体摆脱了所有的累赘。

六、比较《伊利亚特》1.219 与《奥德赛》1.5—10。

（《伊利亚特》第一卷第 219 行："一个人，如果服从神的意志，神就会听到他的祈愿"。《奥德赛》第一卷第 5—10 行："即便如此，他却救不下那些朋伴，虽然尽了力量：他们死于自己的愚莽，他们的肆狂，这帮笨蛋，居然吞食赫利俄斯·呼裴里昂的牧牛，被日神夺走了还家的

时光。"以上译文分别摘自上海译文出版社 2016 年版《伊利亚特》及
《奥德赛》，均为陈中梅译。——译者注）

七、摘自乔叟高贵的"战神之庙"篇章：

在山边下，耸立着
军威十足的马尔斯庙，
全部是钢铁筑成，
门牖既深且狭，阴森可怕；
狂风吹起，每扇门都震动着。
漠漠寒光由北面透进门去，
原来窗上并无其他窗洞。
所有的门都是坚石做成，
永不破裂，横面和边缘都绑着铁
每一根支柱有大酒桶那样粗，
像钢铁般光亮。
——《骑士的故事》

无论如何，先前的一个片段描述了一片精致的建筑色彩：

……北面墙上筑有角楼，
（希西厄斯）也筑起一座富丽堂皇的拜坛，
用的是雪花石膏和红珊瑚，
奉献给贞洁的苔恩娜。
（译文引用人民文学出版社 2004 年版《坎特伯雷故事》，方重译。——译
者注）

八、"将墙体用钢铁绑扎起来，而不是将它们塑造成实在与形式，让它们自然地处于扶壁支撑之下，是违背优秀建筑法则的，不仅由于铁会锈蚀，而且由于它是荒谬错误的，金属中有着不均匀的脉络，同样的铁杆中的某些部位比其他部位坚硬三倍，然而所有这些依然发生了。"萨里斯伯利大教堂 1668 年调查，作者 C·莱恩爵士。对于我而言，我认为用铁来绑扎一座塔楼，比用砖砌金字塔支撑一个虚假的拱顶要好。

九、铜版插图三，在这幅版画上，图 4、5 和 6 是彩釉窗，但是图 2 却是钟楼敞开的窗洞，图 1 和 3 是拱廊上的，后者在库唐斯教堂的主塔楼上，同样填实了。

十、读者应该能从中看出美妙宜人，仅仅是光影的排布，尤其属于"神圣的三叶饰"。我不认为叶饰的元素在它与哥特建构的力量的亲密关系中得到足够的坚持。如果有人问我这种完美形式最突出的特征是什么，我会说是三叶饰。这是它的灵魂所在；我认为最优美的哥特总是由对这种形式的最纯粹和大胆的追寻构成，处在一者是空白的桃尖拱，另一者是过分的五叶饰之间。

十一、这幅版画呈现了福斯卡里宫三层楼的横向／侧面窗之一。视角是从大运河对面看过去，它的花窗线条因此呈现出某种远观的效果。它仅仅展示了富有特色的中央窗户的四叶饰的分割。我以测量得知它们的建造十分简单。画四个圆圈与大圆环相交，在每一组相对的圆圈上各画两条切线，将四个圆圈封闭在一个空心十字架内。随后再沿着切线分割的圆相交部分画一个内圆，随后切出叶尖。

十二、不完全如此。部分的变化是随机的（或至少由建筑师想要重现垂直的努力所驱使），在层的两侧；上一层和下一层都比其他部分要高。无论如何，在八个层的五个层上还是有明显的均分。

十三、无论如何，应该观察到，任何图案如果在它的部分里给出相对的线条，或许能够根据平行于主体结构的线条来排布。因此，钻石的行，像蛇背脊上的斑点那样，或鲟鱼的骨头，精致地运用于垂直和螺旋的柱。我所知道的这种装饰的最美妙的例子，是圣约翰拉特兰修道院的柱，最近由迪格比·维特先生绘制，在他关于古代马赛克的最珍贵和忠实作品中。

十四、在本书的封面上 ①，读者可能看到同时代特征的一些轮廓，来自佛罗伦萨圣米尼阿托教堂的地面。我必须感谢封面的设计者，W·哈里·罗杰斯先生，感谢他对它们聪明地排布，以及与相关的阿拉伯式样的优雅的采用（伦敦版的布上印章封面）。

十五、但却没有失落它们所有的光和所有音乐。此处可与《现代艺术》（卷二，第一部，第四章第八节）相对比。

十六、这种从属起初是由一位友人，大英博物馆的 C·纽顿先生向我提及的，我认为他对希腊艺术深厚的素养不应只在其熟识的友人中传达。

十七、指科勒律治的《法国颂》：

云！在我的上空飞翔和停止，

---

① 指 1849 年初版本。——译者注

你的行进没有人能够控制！
海浪！无论你涌向什么地方，
只向永恒律法表现出敬仰！
森林！你倾听着夜莺的唱歌，
依在平滑崎岖的山坡，
除了你自己放肆的枝叶摇摆
咏唱出狂飙般庄严的音乐！
那里，像一个崇敬上帝的人，
通过樵夫从不踏入的溟溟

　　追寻圣洁的景象，常常
月光下穿行于草丛的芬芳，

　　超越愚人的想象，受领
狂野不可征服的声形的启迪！
汹涌的海浪！蓊郁的森林！
啊，头顶上直冲霄汉的云！
升腾的太阳！欢乐的苍穹！
每个现在和将来自由的事物！
来为我作证，你无论在哪里！
以深深的情感我永远敬仰，
最神圣的自由之精神。

（译文引自福建教育出版社 2015 年版《柯勒律治诗选》，袁宪军译。——译者注）

优雅的诗行，然而见解却是错的：对比乔治·赫伯特的诗：

病态孱弱的人们轻声说，

你在规条之下最鲜活。人类难道可以例外？
房舍均由规条和民族联邦所建造。
如果你能够，就从神造的黄道带中
　　将可靠的阳光引入；向天空招手。
遵从规条的人，能与他人友善相处。

对自己不加约束的人懒怠慵懒，
将在下一次大霜冻中朽烂无踪；
人是规条的整合：一个结构严整的包装
　　其中每个包裹都体现着律法。
不要失落你自己，也不要放任你的情绪；
上帝用锁具和钥匙来制约赐予你的性情。

［摘自乔治·赫伯特诗作《灵丹》(The Elixir，1633)］

版本及注释说明

　　本译本的《建筑七灯》综合了 1849 年初版及 1880 年第三版的内容，注释部分包括了 1849 年第一版的原作者脚注，以及 1880 年第三版的作者补注。第三版注是作者在晚年对早年著作的补充说明。1880 年的版本中另有一些作者补充的格言（Aphorism），但以今人看来这些格言对理解 1849 年版原文帮助较小甚至互相矛盾，为保持译本的简洁统一，本译本没有包括这些格言，且对第三版注中提及格言的部分也作了相应删节。

译者

2019 年 3 月

约翰·罗斯金生平简述

1819年 2月8日生于伦敦。父亲约翰·詹姆斯·罗斯金是一位事业成功的酒商,爱好艺术,常与儿子共同阅读拜伦及莎士比亚,尤其是沃尔特·司各特的作品,这启迪了罗斯金的浪漫主义思想;母亲玛格丽特·罗斯金则是一个虔诚的福音派教徒,性格谨慎而克制,在罗斯金的记忆中留下了浓厚的宗教色彩。

1832年 13岁生日当天获得著名诗人塞缪尔·罗杰斯的诗作《意大利》作为生日礼物,由画家J·M·W·透纳插画。这件礼物唤起了他对透纳的画作的热情,并最终促使他写作了《现代画家》。

1823—1834年 在南伦敦的赫恩山度过童年,在家中接受父母和家庭教师的私人教育。同时常随拜访客户的父亲巡游英国各地。1825年全家访问了法国和比利时，1833 年又游历了斯特拉斯堡、沙夫豪森（Schaffhausen）、米兰、热那亚和都灵，由此开始了对阿尔卑斯山区毕生的挚爱。旅途中所见的风景、建筑和艺术作品成了他的速记本上的素材，并激发他写出了远超过他年龄的成熟度的诗作。

1834 年　三篇短文在伦敦的《自然历史》杂志发表。

1835 年　第一次游览威尼斯。天堂之城成了他日后许多著作的主题。

1836 年　作为平民绅士进入牛津大学。获得著名的纽迪盖（Newdigate）奖。

1837—1838 年　罗斯金的"建筑的诗篇"连载于伦敦的《建筑》杂志，以笔名"Kata Physin"（希腊语，意为"道法自然"）发表。

1840 年　听闻他的初恋，阿黛拉·德麦克，他父亲的商业伙伴的二女儿，与一位法国贵族订婚，从此开始体弱多病，并长期休学。

1842 年　以优异成绩毕业，获得牛津大学艺术学士学位。出版《现代画家》第一卷，获得文化艺术界普遍认可。

1845 年　第一次单独去欧洲大陆旅行，并详细研究古典艺术大师们的作品，这极大地丰富了他关于意大利艺术的知识，并反映在《现代画家》第二卷里。

1847 年　出版《现代画家》第二卷。

1848 年　与艾菲·格雷（Effie Gray）结婚。携妻共赴诺曼底旅行，开始专注于哥特建筑的研究。

1849 年　在威尼斯研究建筑，暂缓《现代画家》的写作，出版了《建筑七灯》。开始写作《威尼斯之石》。

1851 年　通过友人开始与拉斐尔前派艺术家约翰·米莱斯、威廉·亨特以及丹特·罗塞蒂接触，并对他们进行资助。撰文捍卫拉斐尔前派的艺术观念。出版《威尼斯之石》第一卷。J·M·W·透纳去世，罗斯金被指名为其遗嘱执行人之一。

1853 年　出版《威尼斯之石》第二卷和第三卷。开始进行大量公共演讲，表达的艺术观念新颖大胆而引起争议。11 月在爱丁堡进行第一次关于建筑学和绘画的演讲。

1854 年　其妻艾菲·格雷与拉斐尔前派艺术家约翰·米莱斯有染，使罗斯金与她的婚姻破裂。次年，艾菲与约翰·米莱斯结婚。罗斯金开始在新建成的工人学院作关于艺术的演讲。依然继续资助威廉·亨特和丹特·罗塞蒂，以及其他拉斐尔前派艺术家。同时开始资助牛津大学自然历史博物馆的建造。

1855 年　著作获得勃朗宁夫人的赞赏，罗斯金将签名本《现代画家》赠予勃朗宁夫妇。

1856 年　出版《现代画家》第三卷和第四卷。

1857 年　在曼彻斯特演讲，题目为《艺术的政治经济学》，后结集出版。

1858 年　结识富商的女儿罗丝·拉·图切（Rose La Touche），教授她绘画并很快陷入了对她的爱恋。两人年龄相差 29 岁。

1860 年　完成《现代画家》最后一卷。其兴趣从艺术评论逐渐转向社会批评。在霞穆尼（Chamonix）开始他关于社会改革的演讲。在《考黑尔杂志》上发表四篇关于政治、经济的散文。

1861 年　开始进行一系列的艺术赞助活动，分别向牛津阿什莫林博物馆和剑桥的菲茨威廉博物馆捐赠透纳的画作。常举办他自己的水彩画展，展示了他对自然细致的描摹，这也来自他对地质学、植物学和建筑学深入的探究。由于居住在丹麦山（伦敦地名）的"不可忍受的孤独"而悲观绝望。他的宗教转向使他和母亲的关系紧张，经济观点又和父亲有分歧。

1862 年　在《弗莱瑟杂志》上发表散文，再次进行政治经济学论证。后结集出版并题为"Munera Pulveris"。

1863 年　隐居在阿尔卑斯山麓的萨伏伊地区。

1864 年　由于父亲去世而继承了遗产。进行演讲"交易"（后收入《野橄榄花冠》）和"属于国王的宝藏"（后收入《芝麻与百合》）。

1865 年　出版《芝麻与百合》，《尘埃的伦理》以及《野橄榄花冠》。

1866 年　向罗丝·拉·图切求婚，她恳请考虑三年。他们的关系因为宗教信仰的矛盾而布满阴云。

1867 年　出版《时间和潮流》，一组关于共和政体的书信，在论述中却明显游离了主题，充满个人焦虑和悲观。

1868 年　于阿布维尔地区研究地质矿物学。

1869 年　出版《空中王后》，在牛津艺术学院任斯拉德终身教授一职。

1870 年　出版《斯拉德艺术演讲集》系列。

1871 年　发表分期连载的散文"Fors Clavigera"，直至 1878 年。在麦特劳克患重病。被授予牛津大学绘画硕士。捐赠财产十分之一设立"圣乔治奖"。买下考尼斯敦湖的布兰特福德作为他后半生的住处。母亲去世。进行社会实验（1871—1874），包括为伦敦贫民窟清扫街道和在牛津郊区修路。

1872 年　发表《阿瑞塔帕里西》，一组关于雕刻的演讲；发表《鹰巢》，关于自然科学和艺术。罗丝·拉·图切最终拒绝了他的求婚。

1874 年　在意大利阿西西重新恢复了宗教信仰。但却呈现出易怒和歇斯底里，这种病理上的愤怒反映在《佛罗伦萨的早晨》（1875—1877），以及《圣马可的安息》中（1877—1884）。

1875 年　罗丝·拉·图切死于疯狂。这一年罗斯金只在牛津作了一次演讲，之后放弃了所有演讲活动。

1877 年　在七月的"Fors Clavigera"上攻击惠斯勒，被控告诽谤罪。

1787 年　辞去斯拉德教授职位。由于精神疾病暂停出版"Fors Clavigera"，之后精神疾病又六次复发。

1880 年　重新开始出版"Fors Clavigera"，发表《亚眠的圣经》（1880—1885），在《19 世纪》上发表《小说、公平和恶》。

1883 年　重回牛津做教授。但两年后又离职。

1885 年　出版《往昔》的头两卷。

1889 年　秋天，精神病严重发作，自那以后再无著作。

1900 年　1 月 20 日死于流感，葬于考尼斯敦教堂墓地。

译后记

  我们所身处的时代与约翰·罗斯金的时代有着许多微妙的相似之处。维多利亚时代见证了机械文明与人类社会的第一次碰撞：蒸汽动力开始驱动各种机械高速运转，生产出大量的工业制成品。1800年以后，格拉斯哥和曼彻斯特的棉纺织厂每年生产出数千万磅棉布。1830年港口城市利物浦和工业城市曼彻斯特之间的铁路开通，成为首条城际铁路。铁路交通以前所未有的速度将人和物资带到欧洲乃至欧亚和北美大陆的每个角落，并从东亚、北美和非洲将原材料源源不断地运往英国。量产的工业棉布，最终打败了印度低廉的人力成本，成为畅销全球的商品。19世纪40年代起，电报开始将信息飞快地传达至远方。1851年的大英博览会展示了英国在机械技术上的全面高超的水平。人们，无论是迅速崛起的大资本家，还是劳碌的棉纺工人，都被机器运转的速度所驱使着。

维多利亚时代中期是英国的"黄金时代"。英国人均国民收入增长近半，中产阶级逐渐兴起，共同塑造了一种中产阶级的趣味和生活方式。全社会获得了一种普遍的自由主义精神，反对天主教的腐朽传统。19世纪英国以及欧洲大陆的文学十分繁荣，见证了现实主义文学的高峰。技术的进步也为艺术带来了新的媒介：法国人路易斯·达盖尔（Louis Daguerre）和英国人威廉·塔尔伯特（William Talbot）分别发明了摄影术——人类获取图像的方式与以往再不相同，绘画和美术等视觉艺术也从此发生了变革。总而言之，人类在自然环境与自我肉身这两个维度之外，将首次面对第三个维度——机器，也将从此开始处理这三个维度之间的矛盾与共生。

技术的发展呈现加速度。1800年的蒸汽动力仍需陪伴马作为动力，但到了1815年，蒸汽提供的动力已经达到21000hp（英制马力，相当于746瓦）。机器运转的喧嚣惊扰了农业文明的宁静。人们对嘈杂的商品物质世界和急剧变化的社会现实感到震惊，周期性经济危机开始出现。光怪陆离的技术使日常生活获得极大便利，却造就了陌生疏离的社会图景。

在约翰·罗斯金同时代的作家狄更斯、萨克雷、盖斯凯尔夫人和乔治·艾略特等人脍炙人口的文学作品里，描摹了工业革命时代的世相百态：资本的贪婪、劳工阶层的苦难、机械文明对人文艺术的入侵、自然环境的恶化，人的心灵在资本和技术的世界里难寻安宁。

19世纪的建筑工业技术出现两大技术进步：铸铁的广泛使用和波特兰水泥的改良。1778年索罗普郡诞生了世界上第一座铸铁桥。由于铸铁成本低廉，并且容易获得，它开始被广泛适用于桥梁和建筑物的结构上。1824年约瑟夫·阿斯普丁（Joseph Aspdin）改进了波特兰水泥的化学流程。数年后波特兰水泥即用于著名的工程师马克·布鲁奈尔

（Marc Brunel）主持的泰晤士河隧道工程。又过数年，水泥被用于修筑伦敦大规模的下水道体系。从此开始，钢铁和水泥开始成为人类建筑物的主要材料。

1819 年，约翰·罗斯金在这个变革的时代来到人世。富裕的家境和爱好艺术的父母的精心培育，使他在少年时代即获得相当的文化艺术资源。他的家庭与当时文化艺术界名人多有往来，尤其是英国著名画家 J·M·W·透纳。父母更带领少年罗斯金遍游欧洲各历史名城，美丽的自然和古典艺术大师的作品是他成长中最深刻的记忆。从牛津大学毕业以后，青年罗斯金最初的著作《现代画家》（第一卷）即获得了英国文坛的认可。1844 年起，罗斯金对佛罗伦萨、威尼斯、热那亚、卢卡和锡耶纳的古建筑进行了细致的考察，并对早期文艺复兴大师安杰利科和丁托列托的艺术产生了新的理解。正是在意大利古典大师的启迪下，罗斯金写下了《建筑七灯》。

同样处于科学技术突飞猛进的时代转折，同样面临历史文脉与技术文明割裂的鸿沟，同样徘徊于自然造物与工业生产的踌躇选择，我们如今来阅读这位 19 世纪英国最重要的艺术评论家的早期著作《建筑七灯》，不免产生一番别样的认同。我们将从中发现 19 世纪工业文明最初与人类世界相遇时，最具艺术领悟的学者在建筑这一主题上的思考。

《建筑七灯》从如下七个主题阐述建筑营造：宗教、真实、力量、美丽、生命、记忆和规条：

1. 宗教：人应当使用珍贵的材料，尽人力而为，以缔造最纯粹的宗教建筑。

作者认为宗教建筑应使用昂贵的材料，投入最大的人力，以体现人对神的崇敬，但也反对奢侈浪费和伪饰的华丽，认为这是反基督的。宗教建筑的装饰和建构，应当在物质和精神两个维度上表现人类对上帝最诚挚的敬意。认可早期哥特纯净的形式，反对晚期火焰哥特的过度繁饰。

2. 真实：建筑的构造和材质运用应当崇尚真实而非进行伪饰。

作者提倡建筑造型应真实表现主体结构，不应使用各种手法伪装或隐藏结构，尤其对哥特建筑的肋拱与束柱对屋顶的承重关系进行了探讨。同时也反对建筑表面材料的伪装，并反对机械制造的装配型装饰件。作者还特别对哥特建筑花窗线脚体系进行了详细的例证和探讨，推崇早期哥特花窗营造的出色光影效果，认为火焰哥特导致了哥特建筑的腐朽并最终走向没落。

3. 力量：建构之力在于宏大的尺度和深邃的光影。

作者相信建筑的力量通常由宏大的尺度来展现。建筑外观应突出某个维度的线条，或者使用优质石材建造宽广的面域。再者，在建筑表面或形体上营造深邃的光影对比，是建筑宏伟力量的另一重要法则。在此，作者详尽探讨了罗曼式与哥特式建筑利用光影展示宏伟的优秀范例。

4. 美丽：建筑的美与丑取决于建筑是否遵循自然造物的法则。

作者认为美的终极构成是对自然造物的映射。作者首先批判了大量司空见惯但丑陋的建筑装饰、造型和排布。其次论证建筑装饰的恰当位置和特征，以及建筑色彩应比拟自然造物，并以大量古典大师的绘画和建筑作品探讨建筑的比例、色彩、线条、光影及形状等因素与美的关系。

5. 生命：手工匠作的生命力奔放而灵动，胜于千篇一律的机械营造。

作者从早期工匠的手工雕刻和营造中发现了许多鲁莽和不协调的处理，但恰恰是这些匠作彰显了自身的创造力。作者由此反对机械重复的现代建造手法，赞颂古代工匠手艺的精致，并认为古代匠作的蛛丝马迹使人得以追踪趣味盎然的建筑发展史。作者实地丈量了意大利多座经典建筑的尺度，以此证明古典大师的灵光乍现。

6. 记忆：建筑是历史的真实见证和人类珍贵的遗产。

作者主张现代人应当尽最大可能延续古典建筑生命。代代相继的建筑形式能成就完整的国家建筑风格。建筑的营造不应该仅仅被当代人使用，也应留存给子孙后代。同时反对颓废主义的"如画"（Picturesque）美学。也反对以现代手段复原古建筑，认为更新即是毁坏。

7. 规条：遵循恰当的规条方使建筑体现创造力与美。

作者将创造的自由定义为服从法则的自由。构成美好创造物的平衡，总是在这件事的控制性法则和一般统驭性法则之间摇摆。最纯粹的建筑应当受制于一种普适的权威。作者对机器文明所带来的新形式建筑进行了一定的质疑，依然提倡延续古典建筑的传统形制。

罗斯金本人的成长历程具有浓厚的宗教色彩，因此选择《圣经》中代表完美的数字"七"，从七个方面来论述建筑之精神，但我们从中不难发现罗斯金贯穿全书、反复论辩的三大主题：

1. 人类营造与自然造物的关系：人类建构的美，应当与自然造物的精神相协调。

2. 手工匠作与机械营造的矛盾：罗斯金以极大的热情赞赏古代工匠的营造，认为机械文明的产物丑陋而不和谐。

3. 建筑的繁复装饰与建构的纯粹简约之辨：高贵与美都与克制同在，简约而纯粹的建构历久弥新，可以体现造物或者神的意志。

罗斯金在行文中不免由于其宗教背景而显得保守，而且他本人也从未进行任何建筑设计的实践，但他对建筑的真谛却表现出一种超越时代的领悟力，我们不妨来看一看罗斯金从那些杰出的古典建筑中总结出的设计手法：

由终端可见的线条表现具有震撼力的尺度、上方体量挑出形成对比、表面的分割应赋予比例上的变化、组合多变且外露的砖砌营造强有力的深邃阴影、水平向对称营造秩序感、在人眼可以观察到的建筑底部进行最精致的雕刻、顶部进行数量丰富的装饰从而强化体量、装饰应突出设计主旨、以自然生物的色彩排布来进行建筑色彩的调配、使用石材的天然色泽、反对用一种材料伪装成另一种材料……

参数化时代的建筑师们也许会发现一百多年前的约翰·罗斯金丝毫没有过时，他反复论证的无非是人类营造史的普遍性法则，这些法则来自古代工匠对自然的领悟，对材质的把握，以及比例、尺度和色彩的恒久原则。这些精神，丝毫不因为技术的进步而失去其价值。

处在第四次工业革命峰尖的我们正在进入未来世纪：我们已经被电子机械所包围，并接纳它们作为自己身体的延续，在这个电子文明的世代里，建筑学的探索也出现种种争鸣，对自然的再思考、对人类与机器关系的困惑、企图从古典作品中寻找永恒宁静，这一切不正是19世纪的《建筑七灯》也试图回答的问题吗？

但正如本书第七章结尾所说："如果我听到众人对新近来临的世俗的科学以及世俗的激情欢欣雀跃，我也将微笑，仿佛我们又处在了一日之始，地平线上的黎明曙光之中伴有雷电闪烁。"译者在今日的建筑行业中所观察到的建筑实践的诸种现象，足以证明约翰·罗斯金所点亮的建筑七灯仍未熄灭，那么就希望它们仍能映照在21世纪不断探索的建筑师们身上。

本书第六章第六节的德语铭文为上海电力学院徐庆老师翻译，在此表示衷心的感谢。

离香

2019年3月10日